低温潜液泵超导磁悬浮轴承系统研究

艾立旺　许孝卓　著

中国矿业大学出版社

·徐州·

内 容 提 要

本书在总结国内外超导技术与低温液体泵、超导磁悬浮轴承研究现状的基础上,针对传统低温液体泵存在的问题,提出将超导磁悬浮轴承应用于轴向磁通盘式电机驱动的低温潜液泵,开展了低温泵用超导磁悬浮轴承系统的理论和实验研究。本书首先讨论了超导磁悬浮轴承的轴、径向悬浮力特性的理论建模方法并进行实验验证;分析了振动情况下径向型超导磁悬浮轴承的动态悬浮特性和多自由度动态悬浮特性;优化了低温潜液泵用径向超导磁悬浮轴承的关键电磁参数;建立了液氮环境下低温泵用盘式异步电机的三维数值模型研究其低温工作特性和电磁力特性;开展了悬浮体转子的力学特性建模,并讨论悬浮体转子的力学稳定性和共振特性。最后,试制超导磁悬浮低温潜液泵原理样机并开展液氮工质实验测试与验证。研究结果可为超导磁悬浮轴承应用与超导低温泵的研发提供奠定基础。

本书适于电气工程领域的教师、研究生、本科高年级学生和研究人员及工程技术人员阅读参考。

图书在版编目(CIP)数据

低温潜液泵超导磁悬浮轴承系统研究 / 艾立旺,许孝卓著. —徐州:中国矿业大学出版社,2021.5

ISBN 978-7-5646-4432-1

Ⅰ. ①低… Ⅱ. ①艾… ②许… Ⅲ. ①低温泵—潜液泵—超导器件—磁悬浮轴承—研究 Ⅳ. ①TH38

中国版本图书馆 CIP 数据核字(2020)第 230355 号

书　名	低温潜液泵超导磁悬浮轴承系统研究
著　者	艾立旺　许孝卓
责任编辑	仓小金
出版发行	中国矿业大学出版社有限责任公司
	(江苏省徐州市解放南路　邮编 221008)
营销热线	(0516)83884103　83885105
出版服务	(0516)83995789　83884920
网　址	http://www.cumtp.com　E-mail:cumtpvip@cumtp.com
印　刷	江苏凤凰数码印务有限公司
开　本	787 mm×960 mm　1/16　印张 11　字数 216 千字
版次印次	2021 年 5 月第 1 版　2021 年 5 月第 1 次印刷
定　价	42.00 元

(图书出现印装质量问题,本社负责调换)

前　言

　　无论低温能源(如液化天然气)的高效输送、分配和加注等过程,还是超导装置等所需的低温冷却介质的输送(如液氮、液氦),以及石油、空分和化工生产过程中的低温产品的输送,航空航天飞行器低温推进剂(如液氢、液氧)或低温燃料的加注等,都需要低温液体泵协助完成。因此,能够高效可靠运行的低温液体泵具有迫切的现实需求。目前低温液体泵的市场和关键技术多被国外公司垄断,如美国 FLOWSERVER、日本 EBARA、法国 CRYOSTAR 等。自 2009 年通过《装备制造业调整和振兴规划》将低温泵列为石化产业中实施装备自主化的重点设备以来,我国在相关研制技术方面取得了一定成果,但还存在着一些问题:如过流部件的优化设计与低温气蚀、低温泵用轴承的工作寿命和润滑、轴向力平衡与和低温密封和低温泵用电机的低温工作特性等。解决这些问题对于低温泵设备实现装备自主化、加快推进"中国制造 2025"具有重要意义。

　　超导体具有零电阻、高载流、自稳定悬浮等独有的优势,其在电磁装置相关应用领域表现出巨大优势,如超导电缆、超导限流器、超导电机和超导磁悬浮轴承等。但冷却超导体所需的低温工作环境成为阻碍超导技术广泛应用的重要因素之一。若将超导技术应用于低温环境的工作场合,将在很大程度上规避这一障碍,低温液体泵就是一个很好的应用。

　　传统低温液体泵多采用机械轴承,存在轴承润滑困难和低温工作寿命短等问题。此外,传统低温液体泵常采用长轴耦合的泵机分离式结构,其结构复杂且轴向尺寸大。考虑低温工作介质可直接为超导体提供冷却环境,若将超导磁悬浮轴承应用于低温潜液泵,不仅可以解决现有低温液体泵中与轴承相关的技术难题,提高低温泵系统工作的可靠性,同时,又可省去超导部件的冷却装置、减小泵机体积。研发超导磁悬浮低温液体泵对推动低温工程技术与应用超导技术的发展具有重要意义。

　　本书在总结国内外超导技术与低温液体泵、超导磁悬浮轴承研究现状的基础上,针对传统低温液体泵存在的轴承润滑困难与低温工作寿命短的问题,提出将超导磁悬浮轴承应用于轴向磁通盘式电机驱动的低温潜液泵,以此为例开展了低温泵用超导磁悬浮轴承系统的理论和实验研究。研究结果为超导磁悬浮轴承应用与超导低温泵的研发提供奠定基础。本书共分 7 章：第 1 章主要阐述了超导低温液体泵的背景与意义，总结了国内外超导技术与低温液体泵、超导磁悬浮轴承技术的研究现状；第 7 章针对高温超导磁悬浮轴承悬浮力数值计算存在的难点，提出基于磁场强度 H 法径向超导磁悬浮轴承轴、径向悬浮力特性的简化计算建模方法并进行实验验证；第 3 章分析了振动情况下径向型超导磁悬浮轴承的动态悬浮特性和多自由度动态悬浮特性；第 4 章探讨了超导磁悬浮轴承的端部效应，改进的超导磁悬浮轴承结构，并引入田口法优化了低温潜液泵用径向超导磁悬浮轴承的关键电磁参数；第 5 章考虑液氮低温环境下电机材料电磁特性的变化，建立了液氮环境下低温泵用盘式异步电机的三维数值模型研究其低温工作特性和电磁力特性；第 6 章开展了悬浮体转子的力学特性建模，并讨论悬浮体转子的力学稳定性和共振特性。最后试制超导磁悬浮低温潜液泵原理样机并开展液氮工质实验测试，验证了所述超导磁悬浮低温潜液泵方案的可行性。

　　本书的第 1、第 2、第 3、第 4、第 7 章由河南理工大学电气工程与自动化学院的艾立旺撰写，第 5、第 6 章由许孝卓撰写。本书在写作过程中得到电气工程与自动化学院领导的大力支持，得到了郑征、王福忠、上官璇峰等诸位老师的指导，在此表示衷心感谢！

　　本书及相关研究工作得到国家自然科学基金项目（51977203、U1504506）、河南省科技攻关项目（212102210013、192102210073）、河南省高校基本科研业务费专项项目（NSFRF210316、NSFRF200310）和河南理工大学博士基金项目（B2020-20）等研究基金的资助。

　　本书由河南理工大学上官璇峰教授主审，他通读了全部书稿，提出了许多宝贵意见。

　　本书在写作过程中参考了大量的文献资料，对所引用的文献尽力在书后的参考文献中列出，但是难免有所遗漏，特别是一些被反复引用很难查实原始出处的参考文献，在此向被提遗漏参考文献的作者表示歉意，并向本书所引用的参考文献的作者表示诚挚的谢意！

　　由于时间仓促，加上作者水平所限，不足及疏漏之处在所难免，有待进一步充实和更新，恳请读者不吝赐教。

作者

2020 年 6 月于河南理工大学

目　录

第 1 章 绪 论

1.1 课题背景及意义

低温液体泵(又称低温泵、深冷泵)主要用于石油、空分和化工装置中低温液体产品(如液氧、液氮、液氢、液态烃和液化天然气等)的输送或循环。早在 2009 年,我国通过《装备制造业调整和振兴规划》将低温液体泵列为实施装备自主化的重点设备。低温泵在石油、空分和化工装置中的用量日益增加,并得到了广泛的应用和发展。然而,目前低温泵的大部分市场及其关键技术仍被国外公司垄断,如日本 EBARA、法国 CRYO STAR、美国 FLOWSERVER 和瑞士 SULZER 等。因此,伴随着能源危机和环境问题的日益凸显,工业设施和科学装置对冷却系统可靠性的需求不断增加,低温液体泵具有不可或缺的发展需求。

(1) 低温泵在新型清洁能源中的应用

大气污染严重和化石资源消耗过快的问题日益突出,迫切需要新的能源替代传统能源,其中氢和甲烷都是很有应用前景的能源。2014 年,中国和美国联合发布了应对气候变化的声明,提出将控制中国碳排放到 2030 年达到峰值。这就需要寻求诸如液氢[1]、液化天然气[2](liquefied natural gas,LNG)等新型清洁能源取代化石能源。英国石油集团 BP 公司公布的《BP 世界能源展望(2019 年版)》[3]的 2035 全球能源大趋势预测如图 1-1 所示:2012—2035 年,天然气年均需求量增长速度约为 1.9%;到 2035 年,全球一次能源消费结构中,天然气将与煤炭、石油趋同,均为 26%~27%。国务院办公厅在《能源发展战略行动计划》中提出要大力发展天然气资源,提高天然气在一次能源消费中的比重[4]。在 LNG、液氢等低温能源燃料的生产储存库、运输车船、燃料的分配与加注等都需要各种低温液体泵进行高效而可靠的介质输送[5]。

(2) 低温泵在超导技术中的应用

超导材料及技术的发展和应用,可为发展低碳经济、解决能源问题提供有效技术手段,例如采用超导设备降低输配电过程及高能耗工业设备的损耗[6];用高温超导电缆来解决超长距离输电问题和可再生能源并网[7]。目前,美国能源部的《Grid 2030》计划将超导技术列入国家骨干网建设。AMSC 已正式启动（2016年）将美国三大电网实现完全互联的"Tres Amigas 超级变电站"项目，采用超导直流输电技术实现三大电网的互联。2019 年 2 月 21 日，上海市启动我国首条公里级高温超导电缆示范工程项目，深圳市也即将启动（预计年内）430 m 高温超导电缆示范工程并计划在实际电网中长期运行。然而，限制超导技术广泛应用的一个重要原因是需要提供维持其超导体低温工作环境的附加冷却设施。如高温超导电缆工作时需要低温冷却系统，且该系统需采用低温液体泵克服介质流阻实现冷却液循环输送；同时超导电缆工作时消耗液氮，须周期性补充液氮[8]。其他的超导装置如超导变压器、超导电机等正常工作时，须用低温液体泵单元对超导体进行强迫循环冷却。

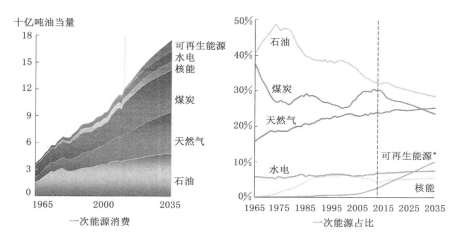

图 1-1　BP 预测的 2035 全球能源大趋势

（3）低温泵在普通石油、空分和化工过程中的应用

低温液体泵在石油化工、空分设备和煤化工装置中的低温泵用量日益增加，这里低温泵主要用于低温液体产品（如液氧、液氮、液氦、液氢、液态烃和 LNG 等）的输送。自《装备制造业调整和振兴规划》将低温液体泵列为实施装备自主化的重点设备以来，在过去的十多年，尽管我国通过独立研究、技术引进和国际合作在相关技术方面取得了巨大成功，但国内石油、空分等化工行业内各种低温泵设备的研制技术还处于起步阶段，距离国际先进水平还有很大差距[9]。

（4）低温泵在航空航天以及交通运输动力设备中的应用

国内外多数航空航天飞行器以及运载火箭主要采用低温液氧与液氢组合推进剂。如 2012 年欧盟"In Space Propulsion −1"工程资助研制了一种新型太空推进系统,采用液氢(或液体甲烷)和液氧作为火箭推进的低温燃料。我国航天事业与深空探测技术的发展,对运载火箭低温燃料的需求也迅速增加。短时间内完成运载火箭燃料加注的高速液氧、液氢泵是航空航天与化工重工等领域的核心元件。此外,火箭飞行升空后低温燃料向动力引擎的输送也需要高效、安全、可靠的低温燃料泵[10]。关于低温燃料泵的关键技术,法国、俄罗斯和日本都做了深入的研究工作。低温液体燃料输送泵的研发,可以为我国新一代运载火箭的大流量低温燃料加注奠定基础。

(5) 低温泵在科研装置和实验室小型制冷设备中的应用

许多科学实验装置经常需要用液氮或液氦来制冷或降温,通常利用低温杜瓦容器压力泵或直接倾倒的方式将液氮由容器输送到实验设备。但目前工业用的低温泵并不适用于实验室小型设备,而依靠杜瓦压力输送液氮又存在一定缺陷,即容器需要压力源如外部气缸或储存器内部的加热元件,难以获得较好的时间响应,且产生低温液体的闪蒸损耗。因此,一些科研装置和实验室小型制冷系统对小型低温液体泵也有一定的应用需求[11]。

由于低温液体泵的设计、工艺、制造和试验方面难度较大,国内具备低温泵研制技术的厂家极少。目前,在国内石油、空分等化工行业内,用于低温液体产品输送和循环等流程的各种低温泵设备在泵用电机、低温轴承、密封等主要部件和低温气蚀防止技术方面还存在一系列技术问题。

1.2　相关领域的发展现状与趋势

按照工作原理的不同,低温液体泵主要分为往复式和离心式两类。往复式低温泵的结构复杂、易损件多、密封困难且可靠性较差,而离心式低温泵在效率和可靠性方面具有一定优势,所以在长期连续运行工况下多采用离心式低温泵。由于低温液体泵输送的介质为低温液体,低温环境对泵各部件的设计和运行带来一些技术挑战。通过对低温液体泵国内外研究现状的调研总结,现有常规离心式低温液体泵主要存在以下几个方面的问题:

(1) 叶轮等过流部件的设计优化与低温气蚀问题

低温液体泵的工作介质沸点很低、极易挥发,操作不当就会引发气蚀现象,对泵的工作性能和寿命产生不可忽略的影响。另外,低温液体泵的过流部件如叶轮、诱导轮、蜗壳等结构参数的设计和优化结果关系到低温泵的工作效率并直接影响气蚀现象的产生[12, 13]。因此,叶轮等过流部件的优化设计和气蚀现象的防治是多年来低温液体泵的研究焦点之一[14, 15]。

(2) 低温液体泵用轴承的低温工作寿命和可靠性

为减少低温泵轴承故障,增加轴承可靠性和寿命,耐低温润滑剂和低温轴承是研制高可靠性低温液体泵所面临的关键问题。一方面,低温泵用机械轴承的耐低温、低噪音、长寿命润滑脂的研制是目前亟待解决的问题之一;另一方面,低温环境对轴承材料的低温机械强度、耐磨性等提出苛刻的要求。值得一提的是,无摩擦悬浮轴承(包括磁悬浮和气体悬浮轴承)具有一定技术优势和应用前景。

(3)轴向力自平衡问题和低温密封困难

离心式低温泵中的不平衡径向力和轴向力会加剧低温轴承的磨损,增加检修和维护频次,甚至造成泵的故障和寿命减小。在泵中设置扩散器和轴向力平衡装置只能针对泵额定工况点附近范围内的不平衡力进行部分抵消和平衡。而且这种方法不仅增加了低温液体泵结构的复杂性,还会提高生产成本和维护费用[16]。因此,必须对低温液体泵的轴、径向力的产生和平衡措施进行深入研究。

传统泵机分离式结构的低温液体泵还存在一个比较棘手的问题:泄漏和密封寿命。由于泵体内外的巨大温差,难以在轴穿过的地方提供无泄漏旋转密封。如何提高密封性能、减轻泄漏成为低温液体泵的常见问题。

(4)低温液体泵用电机的低温工作特性

潜液式低温液体泵是低温泵发展的重要方向之一,而潜液式低温液体泵所用电机必须是低温电机[17-19]。低温电机在低温选材、工艺特点、设计优化技术、控制技术和样机测试方面不同于常温电机,考虑到低温环境对电机的影响,将会有一系列问题出现。因此,性能优良、工作可靠的泵用低温电机对低温液体泵的研制至关重要。

只有克服低温泵各方面存在的主要技术问题,使得国内低温泵的流量、扬程、气蚀余量、效率、振动等指标达到国际水平时,才能提高我国低温泵企业的核心竞争力,打破国外垄断,提升我国装备制造业的自主化水平,从而加快推进"中国制造2025"计划。

1.2.1 超导技术与低温液体泵的研究现状

超导体具有零电阻、高载流、自稳定悬浮等独有的优势,其在电磁装置相关应用领域表现出巨大优势,如超导电缆、超导限流器、超导电机和超导磁悬浮[20,21]等。但冷却超导体所需的低温工作环境成为阻碍超导技术广泛应用的重要因素之一。若将超导技术应用于某些本身具有低温环境的工作场合,将在很大程度上规避这个障碍,低温液体泵就是一个很好的应用场合[22-24]。目前,日本、美国、俄罗斯、英国和中国等均已开展超导技术应用于低温液体泵的研究工作,有关研究进展与现状如下:

1.2.1.1 低温液体泵用超导电机

早在1995年,美国劳伦斯伯克利国家实验室为解决外部变速电机驱动低温液氦泵时产生的漏热问题,将超导技术应用于输送液氦的潜液式容积泵。该低温液氦泵采用超导圆筒直线电机驱动,超导直线电机主要包括音圈式超导电枢线圈和钐钴永磁体,利用液氦工作介质直接冷却超导电枢线圈[25]。实验结果表明该超导直线电机可以用于驱动容积泵进行液氦的输送,但是泵提供的最大压力受到电机永磁体退磁电流的限制。

2004 年,日本九州工业大学采用超导块材改善电机性能,研制了超导块材步进电机驱动的低温液氦泵如图 1-2(a)所示。首先进行超导步进电机的电磁结构设计,如图 1-2(b)所示,并确定超导电机转子的主要尺寸。然后通过样机实验测量在零场冷条件下,超导步进电机驱动液氦泵的扬程和流量特性:转速为1 500 r/min时,该液氦泵的扬程和流量分别为 60 mm 和 1.3 L/min[26]。2007年,考虑到脉冲磁场对超导块材的磁化作用可进一步提高超导块材步进电机的性能,又搭建了脉冲磁化电路和超导步进电机的控制平台,并实验测量脉冲磁化作用下超导块材步进电机的输出特性及其驱动低温液氦泵的工作特性。实验研究表明,相对于零场冷条件,超导步进电机在脉冲磁化条件下可获得更高的转速。泵的扬程与转速成正比关系且与驱动电流无关;当转速为 1 050 r/min 和1 350 r/min时,最大流量分别为 0.75 L/min 和 1.3 L/min[27]。由于该液氦泵的转子由处于轴两端的一对机械轴承支撑,难以长期连续运行,工作转速也难以进一步提高。

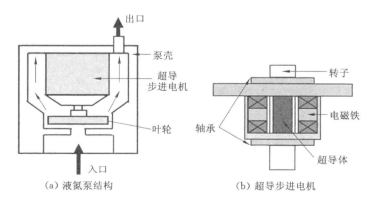

（a）液氮泵结构　　　　　　　　（b）超导步进电机

图 1-2 液氮泵结构和超导步进电机

2009 年,日本九州工业大学又提出一种 1.5 kW 全超导型同步/异步电机驱动的液氢泵。该液氢泵用超导电机的定子绕组和转子鼠笼均采用超导材料二硼化镁(MgB$_2$),可以极大地减小电机定、转子绕组损耗(约比相同条件下铜绕组的损耗低两个数量级)。图 1-3(a)为具有 MgB$_2$ 导条的超导鼠笼转子。该电机在同步状态运行时输出转矩和输出功率约为同等条件下传统电机额定转矩和输出功率的 3 倍。理论研究表明该电机能以很小的功耗驱动泵进行液氢的传输和循环[28]。2012—2013 年日本新能源与工业技术开发机构 NEDO、京都大学、九州大学和日立公司合作研究具有 MgB₂ 鼠笼绕组的超导感应/同步电机特性,并研制了由该超导电机驱动的液氢循环泵[29]。通过在所述超导电机的输出轴端添加叶轮构成一个超导液氢循环泵,并搭建液氢泵的传输试验系统测试电机转矩-转速特性和泵的流量-转速特性(当电机转速为 1 800 r/min 时,流量可达7 L/min)。图 1-3(b)为具有 MgB₂ 全超导电机驱动的液氢泵传输系统[30]。

(a) 二硼化镁MgB₂导条的鼠笼转子   (b) 超导液氢泵传输系统

图 1-3   二硼化镁 MgB₂ 鼠笼转子和超导液氢泵传输系统

俄罗斯莫斯科国家航空航天研究所、德国耶拿光子技术研究院 IPHT 在超导块材电机领域做了大量研究工作。二十多年来他们合作先后采用 YBCO 和 Ag-BSCCO 块材研制出功率为 15 W～37 kW 的磁滞型、永磁型和磁阻型等超导电机。1991—2001 年,在总结采用 YBCO 块材的高温超导盘式电机研究现状和发展趋势的基础上,提出了采用 YBCO 块材的超导磁阻电机的三种转子结构,并对三种转子结构超导磁阻电机的功率因数、效率和输出功率进行仿真分析和实验验证。2004 年,在总结用于飞行器低温燃料供应的低温液体泵的研究现状基础上,提出高温超导电机驱动的低温液体泵在飞行器低温燃料供应方面具有一定应用需求[31]。并针对高温超导体的磁通钉扎特性、抗磁性和磁滞特性研制了三种相应的超导电机,图 1-4(a)和(b)分别为所研制的四极超导同步磁阻电机及其驱动的低温燃料泵测试平台。目前,该团队正在研发功率为 250 kW 的超导磁阻电机,但尚未发现进一步的相关报道。

为了适应高温超导电缆以及相应的新型低温冷却系统的研发需求,2012 年莫斯科科尔扎诺夫斯基能源研究所提出将超导电机驱动的低温液体泵用于高温超导电缆液氮循环冷却系统的需求[32]。可见,超导电机驱动低温液体泵是未来超导技术应用研究的一个重要发展方向。

(a) 超导磁阻电机转子和燃料泵　　　　　　(b) 燃料泵测试平台

图 1-4　超导块材磁阻电机燃料泵和测试平台

1.2.1.2　低温液体泵用超导磁悬浮轴承

相对于常规磁悬浮技术,超导磁悬浮具有无源自稳定的优势。早在 1993 年,Decher R. 就提出将高温超导磁悬浮轴承应用于低温液体泵,以此来减小磨损,延长维修周期,但尚无研制样机的报道。后续不少学者也提到低温泵是超导磁悬浮轴承较理想的应用场合[23,33,34]。然而,目前超导磁悬浮轴承主要应用于高转速场合的高速轴承,以减小轴承磨损、提高现有设备的高速运行性能,如飞轮储能系统的主轴承、高速电机的轴承等[35-38]。将超导磁悬浮轴承用于低温液体泵的相关研究较少,仅中国和日本的少数单位开展了相关研究。

2011 年,中国科学院等离子体物理研究所考虑高温超导电缆的发展及其引发的低温冷却问题,针对低温液体泵中机械轴承的低温润滑、磨损严重和寿命有限(约 5 000 h)等问题,总结了国内外低温泵轴承的研究现状、关键技术问题和应用前景,并分析了将高温超导磁悬浮轴承应用于低温液体泵的可行性。2012 年中国科学院等离子体所结合高效率、低漏热等要求,选定长轴式部分流泵为研究对象,设计了一套低温液氮泵的结构并通过数值模拟和试验方法分析、测试其性能。为增加低温泵轴承的工作寿命,采用无接触径向高温超导磁悬浮轴承替代机械轴承应用于低温液体泵,并提出如图 1-5 所示两种设计方案。

方案 1 为具有防辐射屏的长轴结构;方案 2 为可减少漏热的分离式泵体设计。两种方案均采用立式结构,由电机轴承承载轴向负荷;超导磁悬浮轴承承载低温泵转子的径向力负荷。最后搭建低温液体泵测试平台,分别由出口处布置的压力传感器和涡轮流量计测量泵的扬程和流量。试验发现由于超导块材的磁通蠕变使得悬浮力随时间而下降的弛豫现象会影响转子的工作位置,这将对超

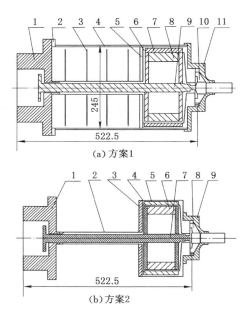

(a) 方案1

(b) 方案2

图 1-5　方案 1 和方案 2 的整体结构

导磁悬浮轴承的长期连续运行构成挑战[39]。

2012 年,西南交通大学和中科院等离子体研究所合作开展低温液体泵用高温超导磁悬浮轴承的研究[40]。图 1-6 所示为采用超导磁悬浮轴承的低温液体泵主要结构。除了超导磁悬浮轴承外,还采用了永磁辅助轴承以增加系统刚度。在定转子间气隙为 1.5 mm 时分析低温泵转子悬浮系统在垂直方向和径向方向的受力情况,建立高温超导磁悬浮轴承转子的动力学模型,并对不同工作转速下的轴向悬浮力进行实验测量。结果表明轴向悬浮力可达 178.66 N,完全支撑整个悬浮体系统,且稳定运行的最高转速为 2 245 r/min。但径向悬浮力和刚度较小,约为轴向悬浮力和刚度的一半。为此,提出一个可有效增加径向刚度、提高系统稳定性的方法:在超导轴承、永磁耦合器和径向永磁轴承的工作气隙中引入金属导电层,通过感应涡流产生阻尼力阻碍转子偏心和倾斜。

2015 年,中国科学院广州先进技术研究所和西南交通大学针对采用径向高温超导磁悬浮轴承的低温液体泵,研究如何进一步改善泵的运行性能[41]。为提高泵机两端隔热效果,设计了三种不同耦合连接装置的低温液体泵,如图 1-7 所示三种结构分别为伸长轴结构、永磁耦合器结构和中空轴耦合防辐射屏结构。首先讨论了伸长轴结构低温液体泵的工作特性,以验证超导磁悬浮轴承用于液氮泵的可行性。为进一步减少漏热,采用另外两种耦合装置的液氮泵:永磁耦合

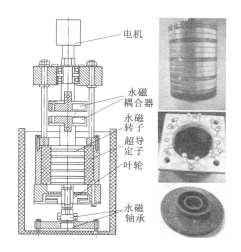

图 1-6　低温泵的结构

器结构(解决漏热问题)和长空心轴结构(解决悬浮力随时间变化的问题)。另外,该研究利用形状记忆合金材料在温度为 77 K 时发生记忆恢复性形变的特性,采用形状记忆合金制成的弹性固件装置,实现永磁转子在场冷位置的固定和自动释放。

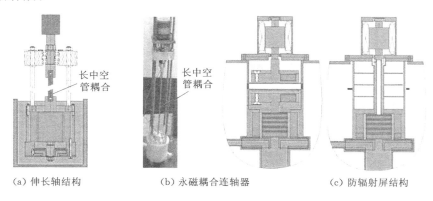

(a)伸长轴结构　　　　(b)永磁耦合连轴器　　　　(c)防辐射屏结构

图 1-7　三种结构低温液氮泵

　　日本学者在该研究方向也做了一些工作。2010 年,日本立命馆大学和东京大学将超导磁悬浮轴承应用于轴向磁通盘式电机驱动的真空泵如图 1-8 所示,并研制了原理样机开展实验研究[42]。另外,不同于超导块材构成的超导磁悬浮轴承,日本学者近几年在研究将具有超导线圈的超导有源磁力轴承用于低温泵[43,44]。

(a) 轴向磁通式电机定子和转子

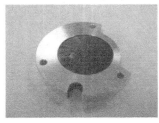

(b) 超导块材定子和永磁转子

图 1-8　真空泵电机和超导磁悬浮轴承

　　如果将超导磁悬浮轴承应用到低温液体泵中,不仅可以解决现有低温液体泵中与轴承故障相关的技术难题,提高低温泵系统工作的可靠性。同时,也为超导装置提供了低温工作环境,对超导设备本身的广泛应用具有重要的推动作用。总之,将超导磁悬浮轴承应用于低温液体泵对超导磁悬浮技术的发展具有重要意义。

1.2.1.3　其他结构的超导低温液体泵

　　除了上述传统低温液体泵两个关键技术方面的研究外,超导技术与低温液体泵的交叉研究也出现了许多新型结构的超导低温泵。如早在 1969 年,美国通用电气公司就提出一种将超导技术与低温往复泵技术结合的低温液体泵[45],研制出一种双动超导液氮活塞泵。受到缸筒内嵌线圈的励磁磁场作用,由超导材料金属铌制成的活塞悬浮在泵的缸筒中。该设计可以提高活塞式液氮泵的可靠性、工作寿命和效率。

　　为解决传统泵机分离式低温泵的长轴结构存在的问题和低温轴承工作的可靠性问题,英国牛津大学在 2000 年研制了一种将阿基米德泵的螺旋叶轮和电机转子相结合的低温液氮泵样机,如图 1-9(a)所示[46]。泵的定子励磁线圈产生旋转磁场,转子为超导材料 BiSCCO 制成的空芯圆筒,圆筒内固定安装着一个螺旋叶轮。通过定子磁场作用于转子,转子带动叶轮旋转实现液体的泵送(实验测量该泵的流速可达 1 L/min)。图 1-9(b)为泵的整机组装图。该结构省去了外部机械连接装置和复杂的轴承,因而具有较高的可靠性。该新型结构超导低温泵适用于对泵的质量和体积要求苛刻的航空航天运输设备或固有低温工作环境的场合。但由于超导材料的磁通流动特性以及阿基米德螺旋泵特殊流体结构设计会导致泵的工作效率较低。

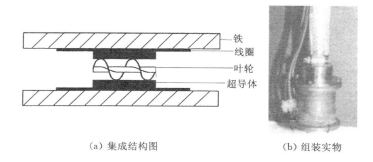

（a）集成结构图　　　　　　　　（b）组装实物

图 1-9　超导电机与阿基米德泵的集成结构图和组装实物

2006 年,北京航空航天大学研究采用超导电机和火箭推进剂低温泵相结合而形成的超导电磁泵代替常规涡轮泵。如图 1-10 所示,叶轮一方面是泵的叶轮,同时也是超导电机的转子。叶轮直接采用超导材料制成或在其中嵌有超导材料制成的超导电路。这样涡轮泵的叶轮直接在电机定子磁场的作用下旋转运行,极大地减小了原有低温泵系统的体积和质量[47]。

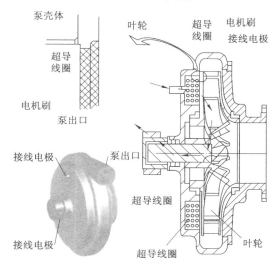

图 1-10　超导电磁泵示意图

从材料、加工难度以及体积、重量、效率和可靠性等方面考虑,将超导技术应用于大功率电机的优势显而易见。然而,受超导材料的加工工艺和性能限制,超导体在小功率应用场合的优势则不太明显。为此,2008 年西班牙埃斯特雷马度拉大学研究了一种小功率(10 W)超导电机驱动的低成本、高可靠性实验室冷却液输送泵。该研究提出一种新型制冷液输送泵结构如图 1-11 所示,采用 YBCO 超导块材的小功率超导电机驱动潜液式冷却液输送泵。泵的叶轮与 YBCO 超导转子集成一体,在定子电枢磁场的作用下,叶轮-转子悬浮体实现自稳定悬浮旋转和低温液体的输送[48,49]。

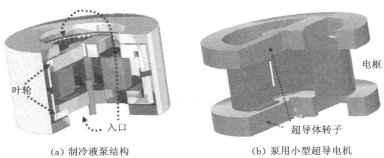

(a) 制冷液泵结构　　　　　　　　　(b) 泵用小型超导电机

图 1-11　小型制冷液输送泵概念设计

1.2.1.4　超导低温泵存在的问题

通过总结超导技术在低温液体泵中应用研究的国内外发展现状,结合传统低温液体泵的关键技术,可得出超导低温泵主要存在如下几个亟待解决的问题:

(1) 关于低温泵用超导电机

尽管低温泵用超导电机具有功率密度大、电机尺寸和重量小等优点,但超导电机的严格低温要求(工作环境温度不能高于超导体的临界温度)限制了超导电机低温泵的应用范围,而且超导电机的加工工艺复杂,制作成本较高,需要专门的电磁设计和低温绝缘设计,使得低温泵用超导电机在设计准则、低温选材等方面的通用性受限。另外,超导电机中直流超导励磁绕组的机械稳定性、低温绝缘设计等问题;交流电枢绕组的交流损耗、热稳定性以及失超传播等问题,都使得目前的超导电机技术尚未成熟,难以替代常导低温电机技术。

(2) 关于低温泵用超导磁悬浮轴承

尽管超导磁悬浮轴承的无源自稳定悬浮是其独特的优势,超导磁悬浮轴承的悬浮力较小、悬浮刚度较低。面对实际应用,超导磁悬浮轴承的刚度特性很难满足实际转子运行稳定性的需求。通常情况下其刚度值比电磁悬浮轴承和永磁悬浮轴承低 1~2 个数量级。另外,高温超导体磁通蠕变使得悬浮力随时间而下降,即悬浮力弛豫现象会导致超导磁悬浮轴承转子的工作位置偏移,这对超导磁悬浮轴承在低温液体泵中的长期连续运行构成挑战。

（3）关于新结构超导低温泵

目前已报道的新型结构超导低温泵多为微小型超导低温泵,处在对原理探索和实验室样机研究的阶段。新结构超导低温泵的各项运行参数、性能指标,如扬程、流量、转速、功率等尚未成为关注的重点。因而,新结构超导低温泵与高效而可靠的实际应用需求还有相当的距离和发展空间。

1.2.1.5　超导低温泵的发展趋势

随着超导材料制备和应用超导技术的发展,同时采用超导电机和超导磁力轴承的全超导低温泵以及新结构全超导低温泵将具有更加明显的优势。高功率密度、高效、可靠的全超导低温泵必将成为未来最有应用前景的研究方向之一。

一方面是低温泵用全超导电机。随着低原材料成本的二代高温超导材料的商业发展,定子和转子均采用超导材料的低温泵用全超导电机的研究应用将越来越多。① 为避免超导电机的热损耗在低温潜液环境中引起大量介质气化损耗,从结构入手采用全超导直流电机,使绕组传输直流电,从而在根本上避免超导电机的交流损耗问题;② 减小超导低温泵体积及质量、缩短系统轴向尺寸,方便超导线圈的绕制和嵌装。结合盘式电机泵的概念,选择轴向磁通全超导盘式电机作为低温液体泵的驱动电机具有一定研究意义。

另一方面是新型结构超导磁悬浮轴承。如何提高超导磁悬浮轴承的刚度,研究悬浮力弛豫特性并解决悬浮位置漂移问题成为超导磁悬浮轴承低温泵应用研究的一大关键。① 增加超导块材的厚度和降低温度可减小超导块材悬浮力的弛豫现象。有文献报道采用预载法、过冷法或转子高度修正法等可抑制超导轴承悬浮力的弛豫。目前该技术难题仍未得到较大突破,有待于进一步深入研究。② 可考虑从超导材料的制备和加工工艺突破。超导体的临界电流密度越大,钉扎中心越多,钉扎能力越强,俘获的磁通越多,超导轴承的悬浮性能越高。通过提高超导材料的临界电流密度、钉扎能力等性能,优化超导轴承的结构进一步提高其悬浮力和刚度。③ 采用超导/永磁混合式磁悬浮轴承,既能通过永磁悬浮力明显提高轴承系统的悬浮刚度,同时保留系统无源自稳定的优势。适用于低温环境下复杂工况运行的超导低温泵轴承系统。

总之,将超导技术应用于低温液体泵,可利用系统固有的低温环境为超导体提供冷却条件而省去额外的冷却系统。这一优势使其成为具良好应用前景的研究方向。然而,低温泵用超导电机和超导磁悬浮轴承技术尚未成熟,目前无法完全替代现有成熟的常导低温电机和常规低温轴承(如氮化硅陶瓷轴承和有源电磁悬浮轴承等)。无论从经济性还是可靠性等方面,超导低温液体泵技术仍然处于前沿探索阶段,还有很多工作要做。在进一步开展低温液体泵用超导电机或超导磁悬浮轴承研究的基础上,其他低温液体泵相关技术,尤其新型结构的超导低温泵技术更应深入探索,以最终实现超导低温液体泵的突破与应用。

1.2.2 超导磁悬浮轴承的研究现状

1.2.2.1 超导磁悬浮轴承的拓扑结构与性能指标

高温超导体在进入超导态后具有磁通钉扎性和抗磁性,永磁体产生的磁通线分为两部分:一部分被超导体抗磁性完全排斥在超导体外部产生悬浮力,另一部分被超导体俘获在钉扎中心产生钉扎力,由此产生使永磁体自稳定悬浮的作用力。超导磁悬浮轴承正是利用这个原理,在超导定子的悬浮力和钉扎力作用下,永磁转子在轴向和径向方向上实现稳定悬浮[50]。超导磁悬浮轴承主要结构包括定子和转子两部分,根据定子和转子间气隙磁场的方向(轴向或径向),将超导磁悬浮轴承分为轴向型和径向型,如图 1-12 所示。两种类型超导磁悬浮轴承的结构与特征对比如表 1-1 所示。

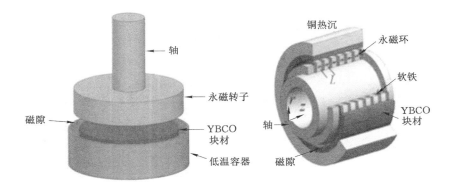

图 1-12 高温超导磁悬浮轴承结构图

表 1-1 轴、径向型超导磁悬浮轴承对比

	轴向型	径向型
结构特征	定、转子均为圆盘状且平行相对,几何轴线重合	定、转子都采用环绕主轴的圆筒形结构
转子结构	同圆心不同半径的永磁环与软铁环交替排列,在同一平面上	同心同半径的永磁环和软磁铁环轴向堆叠在不同平面上
定子结构	超导块放置在同一面,与转子平面平行	超导块拼接成环状,多个环叠放成圆筒,与转子同轴
永磁体磁化方向	径向磁化	轴向磁化

表 1-1(续)

	轴向型	径向型
磁通输出方式	挤出式	挤出式
结构紧凑度	低	高
轴向悬浮机制	排斥力	导向力
径向稳定机制	导向力	排斥力

　　高温超导磁悬浮轴承的研究可追溯到 20 世纪 90 年代,美国波音公司和巴西里约热内卢联邦大学是研究轴向型超导磁悬浮轴承的典型代表。而在径向型超导磁悬浮轴承的研究方面,诸如德国 ATZ 公司、日本超导工学研究所(ISTEC)以及韩国电力研究院等都取得了重要的研究成果。国内对超导磁悬浮轴承的研究起步相对较晚,主要有中国科学院电工研究所、西南交通大学、北京交通大学、上海大学、华中科技大学等几个单位开展相关研究工作。超导磁悬浮轴承的研究主要包括本体研究及其相关应用研究。除此之外,国内外许多学者对目前各种结构特征的超导磁悬浮轴承进行总结和对比讨论,高温超导磁悬浮轴承已经吸引了众多研究人员的关注。

　　超导磁悬浮轴承的性能可由以下 3 个方面的参数进行衡量。① 悬浮力和刚度。尽管现有高温超导块材的悬浮能力可达到 1:200,但与常规机械轴承、永磁悬浮轴承及电磁悬浮轴承相比,超导磁悬浮轴承的承载能力和刚度仍然相对较低。一般可以通过改善高温超导材料性能、优化高温超导定子励磁优化和永磁转子结构三个方面来提高其承载能力和刚度。② 旋转损耗。径向超导磁悬浮轴承对定子和转子的均匀性要求较高,否则将带来以下三方面损耗,即永磁转子不均匀性导致块材的磁滞损耗、定子上导体部分(如不锈钢杜瓦)的涡流损耗和块材捕获磁通不均匀导致的转子中导体部分(如聚磁铁环)的涡流损耗。因此,有必要对超导磁悬浮轴承的旋转损耗进行深入研究。③ 动态稳定性。现有高温超导磁悬浮轴承是一个低阻尼系统,尤其当旋转运行的超导磁悬浮轴承通过其共振频率或受外界干扰时,其动态稳定性即抗干扰能力非常重要。相应改进方法除了通过提高超导材料临界电流密度和转子磁场强度以改善悬浮力性能(如动态刚度和阻尼系数)外,还可以考虑采用涡流阻尼器,进一步增加系统的阻尼系数以提高抗干扰能力[51]。

1.2.2.2　超导磁悬浮轴承的相关研究理论

　　悬浮力特性是超导磁悬浮轴承的重要工作特性。目前,可以通过采用解析法、数值法或实验测量法获得超导磁悬浮轴承的悬浮力特性。尽管实验测量可以获得精确度较高的结果,却不可避免涉及复杂、烦琐的低温实验操作。因此,超导磁悬浮轴承相关理论研究主要集中在悬浮力计算和悬浮特性的建模分析上，其核心问题在于建立超导磁悬浮轴承的悬浮力计算模型。超导磁悬浮轴承悬浮力计算建模需要考虑以下三个方面的难点：① 高温超导体的强非线性本构关系；② 超导定子和永磁转子间相对运动的建模；③ 转子铁磁材料非线性磁导率对励磁磁场的影响。

为考虑超导体的超导电性，常用超导体非线性 E-J 关系表征其非线性电导率，主要分为非连续型的临界态模型（如 Bean 模型）和连续模型（包括磁通流动模型、磁通流动与蠕动模型和幂指数 Power-Law 模型等）[52]。另外，常用 Kim 模型、指数模型和线性模型等来考虑外磁场对超导体临界电流密度的影响。超导材料电磁本构关系的强非线性 E-J 特性，是导致数值建模困难和计算不收敛的重要原因。

为此，考虑超导体的迈斯纳效应对外界磁场的屏蔽作用，即呈现的抗磁特性，有学者提出一种简化处理方法：将超导体视为一种相对磁导率小于 1（多取值在 0.01～0.2 之间）的抗磁性材料[53,54]。如此便可以采用常规商业电磁场仿真软件实现超导磁悬浮轴承悬浮力的快速数值计算。但这种方法对悬浮力的计算精度不高，且精度受超导体相对磁导率取值大小的影响非常大，这种取值需要同实验结果进行对比校核，并没有相应的取值原则或理论依据。进一步从模拟超导体磁导率的角度出发，2017 年中国科学院理化技术研究所[55]、西安交通大学[56] 以及 2008 年北京交通大学均基于 Bean 临界态磁化模型计算并获得超导体在初始磁化过程（永磁体靠近超导体）和退磁过程（永磁体远离超导体）中的磁化曲线，然后将超导体作为普通磁性材料在商业有限元软件中进行磁化曲线的自定义。最后利用普通电磁仿真软件计算超导磁悬浮轴承的磁场分布、悬浮力、刚度和阻尼特性。然而这种对超导体的简化处理[57] 使得该方法的计算精度和应用场合受到限制，其并不能如实反映超导磁悬浮系统的实际悬浮特性，如悬浮力弛豫、悬浮力-位移关系的磁滞现象等。

另外，常用的解析计算方法是屏蔽电流法[58,59]。该方法基于 Bean 临界态模型假定超导体内屏蔽电流呈一定规律分布，然后采用毕奥-萨伐尔定律计算超导体屏蔽电流产生的感应磁场，并最终计算获得与永磁体磁场相互作用的悬浮力。若采用屏蔽电流呈均匀或线性透入深度分布的模型计算结果不太理想，如在圆柱状超导体内，还可采用假设超导屏蔽电流呈不均匀分布且具有 n 阶双曲线形式的边界，这样便可以与实验测量结果获得较好的一致性。屏蔽电流法主要适用于对结构简单的对象进行定性分析计算，对于结构和形状多样化的超导磁悬浮轴承系统缺乏普适性。

基于已有的连续型临界态模型表征超导体电磁本构关系，目前多采用有限元法[60-63]求解超导磁悬浮轴承悬浮力的数值仿真计算问题。2013 年西班牙巴塞罗那大学研究了基于临界态模型高温超导体悬浮和磁化现象的宏观建模,总结了在均匀场和非均匀场情况下不同几何形状超导体中临界态问题求解的解析方法和数值方法;对比讨论了不同状态变量的矢量磁位 A 法、磁场强度 H 法和电流矢量位 T 法;给出用于研究第二类超导体宏观特性的几个重要理论模型的总结[52]。其中磁场强度 H 公式法以其简单易懂、便于快速实现而被广泛采用[64-66]。2015 年,巴西弗鲁米嫩塞联邦大学采用磁场强度 H 法,利用有限元数值仿真计算了作用于高温超导块材和 2 代线材堆叠的悬浮力[67,68]。同年,美国得克萨斯州立大学奥斯汀分校将高温超导块材应用于无源磁力轴承的三维暂态并进行仿真建模,利用 T-OMIG 法进行有限元数值计算、分析超导磁悬浮轴承的纵向和横向刚度特性、损耗特性[69]。为避免复杂的移动网格建模,这些数值计算法通常需要基于永磁体等效面电流模型和毕奥-萨伐尔定律计算永磁转子磁场,再耦合到超导定子有限元模型的边界条件进行数值计算。这种方法难以同时考虑转子铁磁材料对励磁磁场的影响,且计算量大、耗时较长。同时考虑前文提到的建模需考虑的三个方面难点,超导磁悬浮系统的悬浮力计算建模将十分复杂,计算收敛性较差且精度受仿真参数设置的影响也较大。

尽管有限元法计算精度较高,由于其计算占用 CPU 资源多、耗时长,许多学者提出了其他简化计算的解析方法。在一定假设条件下,磁通冻结镜像法[70-72]具有模型简单、计算快捷的优势。将永磁体等效为磁偶极子,超导体视为半无限大平面。通过对若干磁偶极子的定义,分别表征永磁体、超导体的抗磁性、超导体的捕获磁通性等,即可快速计算超导体-永磁体系统模型的悬浮力特性。上海大学学者为考虑多次周期运动情况下的悬浮力磁滞特性,提出了改进的磁通冻结镜像模型。通过修正垂直运动镜像模型的变化规则,可以描述在场冷和零场冷条件下,永磁体多次下降和上升运动时悬浮力的磁滞特性,同时仍能够保持原始冻结镜像模型的简易性[73]。2014 年,上海大学在杨氏模型和 Hull John R. 模型基础上进一步改进,使其同时适用于径向型和轴向型超导磁悬浮轴承。改进的模型既考虑了悬浮力的磁滞特性,又可计算超导体与永磁体轴线之间有倾角的情况。利用改进的磁通冻结镜像模型可对径向超导磁悬浮轴承的悬浮力及刚度进行理论计算和优化设计[74]。类似的,2015 年土耳其盖布泽技术大学针对永磁体-高温超导体的简化物理模型,利用磁通冻结镜像的概念计算环形超导磁悬浮轴承系统的动态悬浮特性,并采用 MATLAB/Simulink 建模仿真获得超导磁悬浮轴承不同转子启动条件下的振动、刚度情况[75]。然而,由于实际超导体内部磁通热激活和磁通蠕动流动现象非常复杂,磁通冻结镜像模型与实际情况存在较大差别使其在磁悬浮系统的定量计算中具有一定局限性。因此,超导磁悬浮轴承的相关理论研究仍需要进一步探索。

1.2.2.3 存在的问题

通过以上对超导磁悬浮轴承国内外研究现状的调研总结,目前,现有超导磁悬浮轴承主要存在以下两个方面的问题:

(1)超导磁悬浮轴承的悬浮力计算与仿真建模

目前超导磁悬浮轴承的悬浮力特性理论计算广泛采用有限元法。但其计算占用资源多、耗时长,且难以通过普通的商用有限元软件实现。许多学者也提出了诸如磁通冻结镜像模型等简化计算的解析方法。虽然解析法具有模型简单、计算快捷的优点,但对于结构和形状复杂的超导磁悬浮轴承悬浮力的定量计算,解析法在普适性和精度方面还需要进一步改善。悬浮力计算作为超导磁悬浮轴承理论研究的一个核心问题,需要一种在普适性、高效性和简易性方面更具优势的建模计算方法。

(2)超导磁悬浮轴承的刚度较低和转子悬浮位置偏移问题

超导磁悬浮轴承的无源自稳定悬浮是其独特的优势,然而面对实际应用,超导磁悬浮轴承的刚度特性很难满足实际转子运行稳定性的需求。通常情况下,其刚度值比电磁悬浮和永磁悬浮轴承要低1~2个数量级。另外,高温超导体磁通蠕变使得悬浮力随时间下降,即悬浮力弛豫现象会影响超导磁悬浮轴承转子的工作位置,这对超导磁悬浮轴承的长期连续运行构成挑战。因此,如何提高超导磁悬浮轴承的刚度,研究悬浮力弛豫特性并解决悬浮位置变化问题成为其应用研究的一大关键。

1.3 本书主要研究内容

目前,超导磁悬浮轴承的应用研究主要集中于飞轮储能系统和高速电机等设备的主轴承。将超导磁悬浮轴承应用于低温液体泵的研究甚少,只有日本和中国少数单位开展过相关研究,该方向还有许多工作值得探索。针对传统泵机分离式结构低温液体泵存在的问题:如低温轴承润滑困难、低温工作寿命较短;长轴耦合结构故障多发(因材料热膨胀系数不同,难以保证电机和泵体在低温环境中的同轴度);及密封困难(由于泵体内外的巨大温差,难以在轴穿过的地方提供无泄漏的旋转密封)等。鉴于超导磁悬浮轴承用于低温轴承的优势、盘式电机泵的结构优势和低温液体泵的潜液式发展趋向,本书将超导磁悬浮轴承应用于轴向磁通盘式电机驱动的低温潜液泵,提出一种超导磁悬浮低温盘式潜液泵新

结构,侧重对超导磁悬浮低温盘式潜液泵的径向超导磁悬浮轴承系统关键问题进行理论建模分析和实验研究,全书共分为 7 章:

第 1 章为研究背景和意义。首先介绍了高可靠性低温液体泵的研制需求和传统低温液体泵存在的问题;分别总结了超导技术与低温液体泵的交叉研究和超导磁悬浮轴承这两个方面的国内外研究现状以及存在的问题,得出超导磁悬浮低温盘式潜液泵的构想和本书的主要研究内容。

第 2 章主要讨论径向型超导磁悬浮轴承的轴向、径向悬浮力特性理论建模和实验验证。考虑材料的非线性本构关系(包括铁磁材料的非线性磁导率和超导材料的非线性电导率)以及超导体与永磁体间的相对运动建模,提出一种超导磁悬浮轴承轴向、径向悬浮力计算的简化数值建模方法。通过采用搭建的三维悬浮力测量平台,获得对场冷和零场冷条件下的轴向、径向悬浮力与位移关系的实验测量结果,并验证所述悬浮力建模方法的可行性。

第 3 章主要研究振动情况下径向超导磁悬浮轴承悬浮力的动态特性和多自由度悬浮特性。针对泵用径向超导磁悬浮轴承的工作特点,研究永磁转子或轴承负载的不同振动频率和振动幅值对超导磁悬浮轴承悬浮力动态特性的影响,并通过实验测量永磁转子振动时的动态悬浮力特性,验证理论研究结果。模拟超导定子的块材拼接或永磁体磁化不均匀等实际情况,研究径向超导磁悬浮轴承永磁转子多自由度运动的三维数值建模方法,分析多自由度悬浮特性以及永磁转子转速、静态偏心和动态偏心运动对轴向悬浮力特性的影响规律。

第 4 章讨论泵用径向型超导磁悬浮轴承的设计与优化。主要分析超导定子铜保护套、新型永磁转子结构(Halbach 永磁转子和楔形聚磁环永磁转子)对轴向悬浮力特性的影响。然后采用田口法对泵用径向型超导磁悬浮轴承的承载能力进行优化,并确定关键电磁结构参数的最优组合。

第 5 章开展泵用轴向磁通盘式电机定转子间的电磁悬浮力特性研究。通过实验测量盘式电机材料(绕组和铁芯)在室温和低温条件下的导电性和导磁性,获得低温环境对电机主要材料电磁特性的影响。建立室温条件下轴向磁通盘式电机的三维有限元模型,仿真计算电机工作特性和定转子间电磁悬浮力特性;并通过实验测量验证建模的正确性。然后,考虑低温环对电机主要材料电磁特性的影响,建立低温条件下盘式电机的三维有限元模型,开展低温环境下电机定转子间电磁悬浮力特性的理论研究。

第 6 章主要讨论悬浮体转子力学特性建模分析和样机试验。首先对永磁辅助轴承的轴向、径向悬浮力,旋转叶轮与低温流体间的轴向、径向相互作用力进行理论计算或实验测量。考虑悬浮体转子在超导磁悬浮轴承系统各部件的作用下,开展悬浮体转子的力学特性建模和模态分析,研究悬浮体转子的力学稳定性和共振特性,理论上确保悬浮体转子的安全稳定运行。然后,介绍超导磁悬浮低温潜液泵的基本结构和工作原理,并试制超导磁悬浮低温潜液泵原理样机,搭建测试平台实验测量泵的流量-频率和扬程-频率等工作特性,验证所述超导磁悬浮低温潜液泵的可行性。

第 7 章为总结和展望。首先总结本书的研究成果,并展望下一步值得探索的研究方向。

第 2 章　径向型超导磁悬浮轴承的悬浮力计算

高温超导磁悬浮轴承具有无源自稳定、无摩擦和低损耗等优点,可用于飞轮储能系统、高速旋转设备和低温液体泵等。悬浮力特性是高温超导磁悬浮轴承的重要工作参数之一,悬浮力特性的理论计算对高温超导磁悬浮轴承的设计优化与实际应用至关重要。本章主要讨论径向型超导磁悬浮轴承的轴向悬浮力和径向悬浮力特性的理论建模计算和实验验证。

2.1　轴向悬浮力计算

超导磁悬浮轴承的悬浮力计算可采用多种简化的理论模型和建模方法,如磁通冻结镜像模型、屏蔽电流模型。通常这些方法需要基于一定的理想化假设,且主要适用于对几何形状和结构简单的超导磁悬浮系统进行快速定性分析,对于结构和尺寸多样化的超导磁悬浮轴承缺乏普适性。目前,超导磁悬浮轴承悬浮力特性的精确定量计算广泛采用数值计算法,如有限元法。根据求解域控制方程的不同状态变量,有限元法主要分为磁场强度 H 法、磁矢量位 A 法和电流矢量位 T 法。通常这些方法涉及一些数学和编程工作。然而,近年来由于软件 COMSOL Multiphysics 在实现 H 法时表现出独特的优势,而逐渐得到越来越多的应用。但目前很少有关于在 COMSOL 中采用 H 法计算径向型高温超导磁悬浮轴承悬浮力的研究。因为径向超导磁悬浮轴承悬浮力的有限元数值建模存在如下几个方面的难点:① 高温超导体的强非线性本构关系;② 超导定子和永磁转子间相对运动的建模;③ 转子铁磁材料非线性磁导率对励磁磁场的影响。

由于强非线性本构关系引起数值迭代计算的收敛难度较大以及复杂的移动网格设置,很难直接建立既包括超导定子和永磁转子的有限元模型,又能同时解决以上三个方面的有限元模型。通常,为避免超导定子和永磁转子间相对运动的复杂建模,可采用一种简化处理方法:将永磁转子磁场耦合到超导定子有限元模型的边界条件进行求解[63,76]。这里一般基于永磁体的等效面电流模型,采用毕奥-萨伐尔定律计算永磁转子磁场[77]。针对超导体-永磁体的简单磁悬浮模型,[67]为避免永磁体和超导体间相对运动给有限元数值建模带来的复杂性,通过对矩形截面永磁体进行解析建模,得到超导体有限元模型求解域的边界磁场解析表达式,从而在 COMSOL 中实现悬浮力的快速仿真计算。针对用于磁悬浮列车的超导直线磁悬浮轴承,[76]通过求解超导块有限元模型求解域边界的自场(感应超导电流产生的磁场)和外场(永磁轨道产生的磁场),建立计算超导块悬浮力的 3D 数值模型和相应的 2D 修正模型。但这种模型难以考虑永磁转子聚磁片的非线性磁导率影响,无法获得准确的励磁磁场。

为此,本节将考虑聚磁铁环非线性磁导率影响的同时,以级数形式的行波磁场边界表征移动的永磁转子,以避免复杂的移动网格设置。本节还介绍了如何采用 H 法在 COMSOL 中建立径向型超导磁悬浮轴承的超导定子有限元模型,进行悬浮力的快速计算。

2.1.1　径向型超导磁悬浮轴承的结构

图 2-1 所示为径向型超导磁悬浮轴承的结构示意图,径向型超导磁悬浮轴承主要包括超导定子和永磁转子两部分。超导定子主要由两个超导环轴向同轴叠加而成。由于超导材料制备工艺限制,目前无法获得较大尺寸的超导块材,因此,这里超导环一般由若干瓦片状 YBCO 超导块拼接而成。永磁转子则由 3 块轴向磁化的环形 NdFeB 永磁体和 4 片具有高导磁性能的聚磁铁环组成。永磁环与聚磁铁环一一交叠排列放置,且永磁环同极性相对;聚磁铁环置于两个永磁环之间用于提高永磁转子磁场的幅值和轴向梯度。表 2-1 所示为径向型超导磁悬浮轴承的主要设计参数。当超导定子达到临界温度环境进入超导态,在永磁转子励磁磁场的作用下,由于高温超导体的迈斯纳效应和磁通钉扎效应,产生了超导定子和永磁转子间相互作用的悬浮力。

表 2-1　径向型超导磁悬浮轴承的主要设计参数

项目/单位	数　值
永磁转子/mm	$36 \times 20 \times 8$
超导定子/mm	$64 \times 42 \times 16$
定转子间隙/mm	3
聚磁铁环厚度/mm	2
永磁体剩磁密度/T	1.2
超导块轴向间隙/mm	1
超导块临界电流密度/(A/m^2)	9.0×10^7

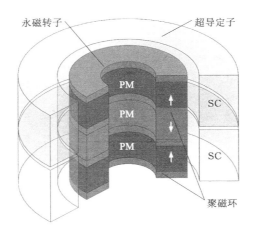

图 2-1　径向型超导磁悬浮轴承的结构

2.1.2　永磁转子磁场的边界等效

可以采用解析法、有限元法或实验测量法获得径向型超导磁悬浮轴承的永磁转子磁场。由于永磁转子结构的多样性和参数的复杂性，有限元法和实验测量法的计算精度高于解析法，但实验测量法相对操作复杂，对设备精密度要求较高。同时，由前文可知聚磁铁环可以增加永磁转子磁场强度和轴向梯度，为充分考虑聚磁铁环材料非线性磁导率对转子磁场的影响，采用有限元法计算永磁转子磁场。在软件 COMSOL 中建立永磁转子的二维轴对称有限元模型进行磁场数值计算，求解永磁转子表面 1 mm 处磁通密度的径向分量 B_r 和轴向分量 B_z 沿轴向位置 z 的变化情况如图 2-2 所示。有限元求解结果与三维特斯拉计实验测量结果基本吻合，表明了采用有限元法获得永磁转子磁场的可行性。

为表征永磁转子与超导定子轴向耦合区域内的磁场即定转子间隙磁场，以 0～80 mm 范围为周期 T 对永磁转子磁场进行傅立叶分解，如图 2-3 所示分别为永磁转子磁通密度径向分量和轴向分量的谐波含量情况。可见气隙中磁通密度 B_r 和 B_z 主要包含 2、3、4、8、9、10 次谐波，则任意轴向运动的永磁转子磁场径向分量和轴向分量的轴向分布可以用式(2-1)表示：

$$\begin{cases} B_r = \sum B_{ri} \sin(\omega_i z + \theta_i) \\ B_z = \sum B_{zi} \sin(\omega_i z + \varphi_i) \end{cases} \tag{2-1}$$

式中，$i = 2、3、4、8、9、10$；B_{ri} 和 B_{zi}、ω_i、θ_i 和 φ_i 分别为磁通密度径向分量和轴向分量第 i 次谐波的幅值、角频率和初相位。定义 z 为关于永磁转子轴向运动速度 $v(t)$ 和时间 t 的函数：$z = v(t) \cdot t$。至此，完成可表征具有复杂轴向往复运动永磁转子磁场的建模。

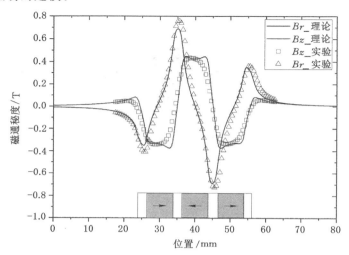

图 2-2　永磁转子轴、径向磁通密度分布

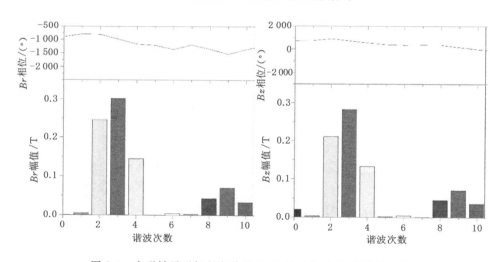

图 2-3　永磁转子磁场径向分量 B_r 和轴向分量 B_z 的谐波含量

2.1.3　超导定子有限元建模

根据文献[67,76,78]的建模思路,为避免超导定子和永磁转子间相对运动的复杂建模,在多物理场数值仿真软件 COMSOL Multiphysics 5.2 的偏微分方程 PDE(partial differential equation)接口下采用磁场强度 H 法公式建立如图 2-4所示圆柱坐标系下超导定子的二维轴对称有限元仿真模型。仅对矩形边

界 abcd 内部区域,即超导体区域和附近的空气域进行网格剖分和数值求解。

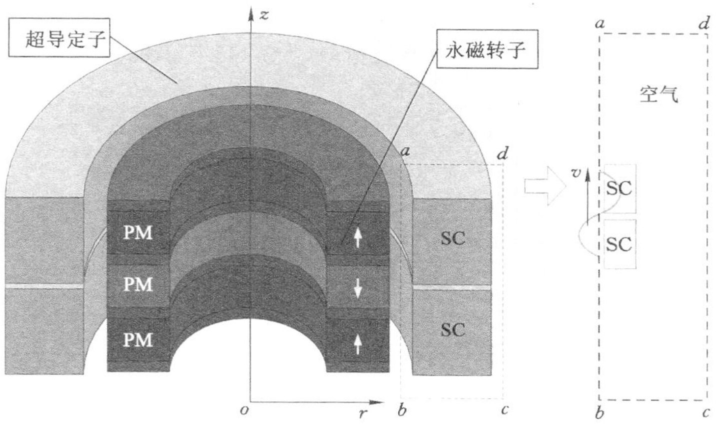

图 2-4　超导磁悬浮轴承仿真的有限元模型

从 Maxwell 方程组的安培环路定理、法拉第电磁感应定律和电磁本构关系:

$$\begin{cases} \nabla \times H = J \\ \nabla \times E = -\dfrac{\partial B}{\partial t} \\ E = \rho J \\ B = \mu H \end{cases} \tag{2-2}$$

可以得到矩形求解域 abcd 的约束方程:

$$\mu_0 \frac{\partial H}{\partial t} + \nabla \times (\rho \nabla \times H) = 0 \tag{2-3}$$

在图 2-4 所示圆柱坐标系下二维轴对称模型的 roz 平面中,上述方程中磁场强度 H 只存在 r 分量和 z 分量,即 $H = [H_r(r,z), 0, H_z(r,z)]$。根据法拉第电磁感应定律可知相应电场强度和电流密度只存在 φ 分量,即 $E = [0, E_\varphi(r,z), 0]$ 和 $J = [0, J_\varphi(r,z), 0]$,则有:

$$J_\varphi = \frac{\partial H_r}{\partial z} - \frac{\partial H_z}{\partial r} \tag{2-4}$$

$$\begin{cases} \dfrac{1}{r} \dfrac{\partial (rE_\varphi)}{\partial z} = \mu \dfrac{\partial H_r}{\partial t} \\ \dfrac{1}{r} \dfrac{\partial (rE_\varphi)}{\partial r} = -\mu \dfrac{\partial H_z}{\partial t} \end{cases} \tag{2-5}$$

$$E_\varphi = \rho J_\varphi \tag{2-6}$$

其中，ρ 为电阻率，取空气的电阻率为 1 Ω/m；μ 为磁导率，认为求解域中磁导率均为真空磁导率，即 $\mu = 4\pi \times 10^{-7}$ H/m。

忽略超导体临界电流密度的各向异性，认为超导体电阻率采用 Power-Law E-J 关系表示：

$$\rho = \frac{E_c}{J_c} \left(\frac{|J|}{J_c} \right)^{n-1} \tag{2-7}$$

其中（$E_0 = 0.0001$ V/m，$n = 21$），并由 Kim 模型（$B_0 = 1$ T，$J_{c0} = 9.0 \times 10^7$ A/m^2）考虑磁通密度 B 对临界电流密度 J_c 的影响。

$$J_c = \frac{J_{c0} \cdot B_0}{B + B_0} \tag{2-8}$$

指定气隙中的边界 $\overline{ab}$ 为公式(2-1)所述谐波级数形式磁场函数来表征轴向移动的永磁转子产生的励磁磁场。因边界 $\overline{bc}$，$\overline{cd}$ 和 $\overline{da}$ 距离永磁转子较远而几乎不受励磁磁场的影响，可近似认为狄利克雷磁绝缘边界条件。初始冷却磁场条件（场冷 FC 与零场冷 ZFC）可通过设置 PDE 的不同初始值实现。注意每个超导块材需要采用电流和为零的积分约束[67]。采用此简化边界条件设置的建模方法，根据洛伦兹公式可实现径向型超导磁悬浮轴承轴向悬浮力的快速仿真计算。

$$F_z = 2\pi \int_s J \times B \cdot r \mathrm{d}S = 2\pi \mu_0 \int_s J_x \cdot H_r \cdot r \mathrm{d}S \tag{2-9}$$

其中，H_r 为图 2-3 所示超导域内合成磁场的径向分量；J_x 为超导定子内的感应超导电流密度。通过软件 COMSOL Multiphysics 的积分组件耦合可以方便地实现对两个超导域的积分运算操作。

2.2 径向悬浮力计算

当永磁转子发生径向位移而处于偏心状态时会产生径向悬浮力，此时的超导磁悬浮轴承不具有二维轴对称特征。常用于计算简单超导-永磁（SC-PM）悬浮系统垂直力和径向力的解析法——磁通镜像法难以用于复杂结构的径向型超导磁悬浮轴承。另外，计算轴向悬浮力的二维轴对称数值模型也不适用于计算径向悬浮力。尽管三维有限元法可以计算径向力，但考虑超导体强非线性 E-J 特性的三维有限元建模非常困难，且其计算量庞大、耗时长。为此，有学者建立了简化的径向型超导磁悬浮轴承三维有限元模型计算径向悬浮力，一定程度上减小了三维有限元建模的复杂程度和计算量[79]。但该方法在要求快速计算超导磁悬浮轴承径向悬浮力的场合具有一定局限性，相对于理论计算，实际中更多采用实验测量法获得径向悬浮力[80,81]。由于径向型超导磁悬浮轴承的定转子间气隙较小，在测量径向悬浮力时允许永磁转子在径向方向上的移动范围很小，这增加了对实验装置运动控制精度的要求以及增加了准确测量的难度。此外,也可基于简单的实验测量结果,建立径向刚度计算的简化理论模型[82,83]。但这种方法难以研究不同永磁转子偏心度对应的径向悬浮力特性,且仍没有完全摆脱复杂的径向刚度测量实验。众所周知,径向悬浮力特性对径向型超导磁悬浮轴承的径向刚度和悬浮体转子的稳定性非常重要,因此,需要一种快速而简便的方法来计算径向悬浮力。

　　本节提出一种可快速计算径向超导磁悬浮轴承径向悬浮力和刚度的方法。在忽略曲率效应的前提下,将径向型超导磁悬浮轴承等效为由无穷多个矩形薄片状超导定子和永磁转子相互作用的 SC-PM 微元模型沿圆周方向构成。在直角坐标系下建立 SC-PM 微元悬浮系统的二维有限元模型,仿真研究单位厚度的 SC-PM 微元即超导定子和永磁转子间的悬浮力随二者间气隙厚度的变化规律。然后基于转子偏心状态下的气隙不均匀公式,采用微元法建立径向悬浮力的简化解析计算模型,进行径向型超导磁悬浮轴承径向悬浮力的理论计算和实验验证[84]。

2.2.1　径向悬浮力建模思路

　　图 2-5 为径向型超导磁悬浮轴承的永磁转子同心状态和偏心状态,其揭示了径向悬浮力的产生机理。当永磁转子与超导定子同心时,呈轴对称结构的超导磁悬浮轴承无径向悬浮力产生;当永磁转子发生径向偏心时,定转子间气隙厚度沿圆周方向分布不均匀,导致圆周方向不同位置处作用于超导体的磁场强弱和变化趋势不同。这种几何结构的不对称引起物理场的不对称,进而产生径向悬浮力。

　　为避免计算径向悬浮力通常所需要的复杂而庞大的三维数值计算或高精度的实验测量,笔者提出一种可以快速计算径向型超导磁悬浮轴承径向悬浮力的方法。如图 2-6 所示,假设可以将超导定子和永磁转子视为由沿圆周方向上无穷多个 SC-PM 微元悬浮模型构成,其中每个 SC-PM 微元由一个瓦片状超导定子和一个瓦片状永磁转子相互作用构成微元悬浮系统,二者沿圆周方向的跨角为 $d\theta$。

　　由于感生超导电流主要分布于超导定子内圆表面的一定透入深度范围内且对内永磁转子产生的磁场具有屏蔽作用,在超导定子内部及外圆表面基本无感应电流密度和磁场分布。故可以近似认为超导定子外圆尺寸对悬浮力的产生影响极小。另外,由于定转子间气隙厚度相对于定子内径较小,可忽略曲率效应影响。因此,可将每个瓦片状 SC-PM 微元近似地等效为一个矩形薄片状的超导定子和一个矩形薄片状永磁转子构成。其中 L 为矩形薄片微元的厚度,等于弧长,即 $R_i \cdot d\theta$。R_i 和 $d\theta$ 分别为超导定子的内径和微元所跨弧度。当永磁转子发生径向偏心时,径向超导磁悬浮轴承可以看作由无穷多个具有相同厚度、不同定转子间隙长度的矩形薄片 SC-PM 微元系统沿圆周方向构成。

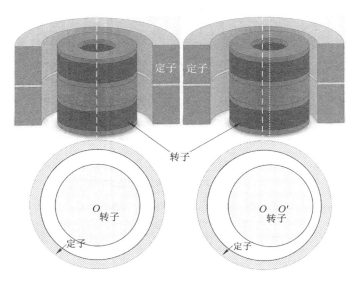

图 2-5　径向型超导磁悬浮轴承的转子正常和偏心状态示意图

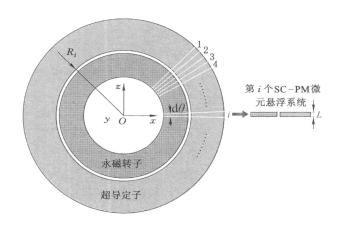

图 2-6　SC-PM 微元系统与径向型超导磁悬浮轴承的等效微元处理

2.2.2　永磁转子磁场的解析计算

当永磁转子发生径向偏心时,沿圆周方向不同位置处的超导定子和永磁转子间气隙厚度不同,超导定子感受的磁场强度和变化趋势不同。因此,需要获得永磁转子磁场轴向分量和径向分量的径向分布,即永磁转子表面不同高度处的磁场分布规律。假设聚磁铁环的磁导率为无穷大,永磁体的相对磁导率为1。忽略曲率效应对永磁转子磁场的影响,将永磁转子近似展开为直角坐标系下的二维等效平板模型。采用如图 2-7 所示永磁转子等效平板的子域分析模型进行永磁转子二维静态磁场的解析计算。

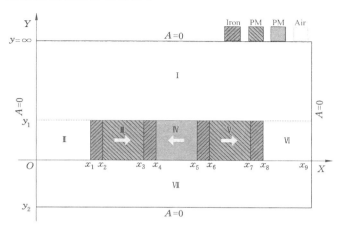

图 2-7　永磁转子磁场解析计算子域求解模型

除下边界($y = y_2$,可近似视为永磁转子的轴线)外,整个求解域($0 < x < x_9$, $y_2 < y < +\infty$)的外边界与永磁转子具有足够远的距离($x_1 \gg 0$, $x_9 \gg x_8$),所以认为在求解域的所有外边界上矢量磁位为零。利用麦克斯韦基本电磁场理论,即安培环路定理和法拉第电磁感应定律

$$
\begin{cases}
\nabla \times H = J \\
\nabla \times E = -\dfrac{\partial B}{\partial t}
\end{cases}
\tag{2-10}
$$

结合矢量磁位 A 的定义和介质方程

$$
\begin{cases}
B = \nabla \times A \\
\nabla \cdot A = 0
\end{cases}
\tag{2-11}
$$

所有子区域(除聚磁铁环 Iron 区域外)均满足方程

$$
\frac{\partial^2 A(x,y)}{\partial x^2} + \frac{\partial^2 A(x,y)}{\partial y^2} = -\nabla \times (\mu_0 M)
\tag{2-12}
$$

其中 M 为永磁体的磁化强度。

由于矢量磁位只有 z 轴分量,且沿着 z 轴方向保持恒定。另外,此处永磁体磁化方向均沿 x 轴方向且磁化强度 M 不随 y 轴发生变化。所以整个求解域的控制方程可简化为拉氏方程

$$
\frac{\partial^2 A(x,y)}{\partial x^2} + \frac{\partial^2 A(x,y)}{\partial y^2} = 0
\tag{2-13}
$$

各子区域的磁场强度 H 和磁通密度 B 通过材料本构关系相互耦合

$$B = \mu H \tag{2-14}$$

即在空气域（Ⅰ、Ⅱ、Ⅵ、Ⅶ）有

$$\begin{cases} B_y(x,y) = \mu_0 H_y(x,y) \\ B_x(x,y) = \mu_0 H_x(x,y) \end{cases} \tag{2-15}$$

在永磁域（Ⅲ、Ⅳ、Ⅴ）有

$$\begin{cases} B_y(x,y) = \mu_0 \mu_r H_y(x,y) \\ B_x(x,y) = \mu_0 \mu_r H_x(x,y) + \mu_0 M_i(x) \end{cases} \tag{2-16}$$

其中 $i = 1, 2, 3$ 分别对应Ⅲ，Ⅳ，Ⅴ区域的永磁体。图 2-8 所示为这 3 个区域的永磁体磁化强度分布，可以采用傅立叶周期延拓等效为级数形式。

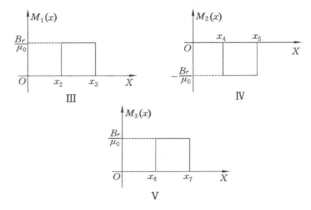

图 2-8　Ⅲ，Ⅳ，Ⅴ区域的永磁体磁化强度分布

在区域Ⅲ即第 1 块永磁体区域有

$$M_1(x) = \sum_{n=1}^{\infty} M_1 x_n \sin(\alpha x) \tag{2-17}$$

式中，$M_1 x_n = \dfrac{2}{x_9} \displaystyle\int_{x_2}^{x_3} \dfrac{B_r}{\mu_0} \sin(\alpha x) \mathrm{d}x$，$\alpha = \dfrac{n\pi}{x_9}$，$B_r$ 为永磁体的剩余磁通密度，n 为正整数。

在区域Ⅳ即第 2 块永磁体区域有

$$M_2(x) = \sum_{n=1}^{\infty} M_2 x_n \sin(\alpha x) \tag{2-18}$$

式中，$M_2 x_n = \dfrac{-2}{x_9} \displaystyle\int_{x_4}^{x_5} \dfrac{B_r}{\mu_0} \sin(\alpha x) \mathrm{d}x$。

在区域Ⅴ即第 3 块永磁体区域有

$$M_3(x) = \sum_{n=1}^{\infty} M_3 x_n \sin(\alpha x) \tag{2-19}$$

式中，$M_3 x_n = \dfrac{2}{x_9} \displaystyle\int_{x_6}^{x_7} \dfrac{B_r}{\mu_0} \sin(\alpha x) \mathrm{d}x$。

作为源项，Ⅲ，Ⅳ，Ⅴ区域的永磁体磁化强度可等效处理为

$$\begin{cases} M_1(x) = \displaystyle\sum_{n=1}^{\infty} \dfrac{2B_r}{x_9 \mu_0 \alpha}(\cos\alpha x_2 - \cos\alpha x_3)\sin(\alpha x) \\[3mm] M_2(x) = \displaystyle\sum_{n=1}^{\infty} \dfrac{2B_r}{x_9 \mu_0 \alpha}(\cos\alpha x_5 - \cos\alpha x_4)\sin(\alpha x) \\[3mm] M_3(x) = \displaystyle\sum_{n=1}^{\infty} \dfrac{2B_r}{x_9 \mu_0 \alpha}(\cos\alpha x_6 - \cos\alpha x_7)\sin(\alpha x) \end{cases} \quad (2\text{-}20)$$

由整个求解域的外边界上矢量磁位为零可得

当 $y \in [y_2, +\infty]$ 时

$$\begin{cases} A(0, y) = 0 \\ A(x_9, y) = 0 \end{cases} \quad (2\text{-}21)$$

当 $x \in [0, x_9]$ 时

$$\begin{cases} A(x, \infty) = 0 \\ A(x, y_2) = 0 \end{cases} \quad (2\text{-}22)$$

假设聚磁铁环具有无限大的磁导率，可以认为在铁磁（Iron 区域）边界上，施加磁场切向分量为零的边界条件，即

当 $y \in [0, y_1]$ 时

$$B_y(x_i, y) = 0 \quad (2\text{-}23)$$

其中 $i = 1, 2, 3, 4, 5, 6, 7, 8$。

采用分离变量法和傅立叶级数分析法求解每个子区域的拉普拉斯方程。首先确定各子区域相应拉氏方程的通解形式。

在区域 Ⅰ：为满足在 $x = 0$，$x = x_9$ 和 $y = +\infty$ 时，矢量磁位必须为零，上方空气域内矢量磁位通解为

$$AI(x, y) = \sum_{n=1}^{\infty} C_1 \mathrm{e}^{-\alpha y} \sin(\alpha x) \quad (2\text{-}24)$$

在区域 Ⅱ：为满足在 $x = 0$ 时，矢量磁位必须为零；$x = x_1$ 时，磁场切向分量必须为零，左侧空气域内矢量磁位通解为

$$AII(x, y) = \sum_{k=1}^{\infty} (C_2 \mathrm{e}^{\beta y} + C_3 \mathrm{e}^{-\beta y}) \sin(\beta x) \quad (2\text{-}25)$$

在区域 Ⅲ：为满足；$x = x_2$ 和 $x = x_3$ 时，磁场切向分量必须为零，第一块永磁体域内矢量磁位通解为

$$AIII(x, y) = \sum_{l=1}^{\infty} (C_4 \mathrm{e}^{\gamma y} + C_5 \mathrm{e}^{-\gamma y}) \cos\gamma(x - x_2) \quad (2\text{-}26)$$

在区域Ⅳ：为满足；$x=x_4$ 和 $x=x_5$ 时，磁场切向分量必须为零，第二块永磁体域内矢量磁位通解为

$$AIV(x,y) = \sum_{m=1}^{\infty} (C_6 e^{\omega y} + C_7 e^{-\omega y}) \cos\omega(x-x_4) \qquad (2-27)$$

在区域Ⅴ：为满足；$x=x_6$ 和 $x=x_7$ 时，磁场切向分量必须为零，第三块永磁体域内矢量磁位通解为

$$AV(x,y) = \sum_{i=1}^{\infty} (C_8 e^{\varphi y} + C_9 e^{-\varphi y}) \cos\varphi(x-x_6) \qquad (2-28)$$

在区域Ⅵ：为满足在 $x=x_9$ 时，矢量磁位必须为零；$x=x_8$ 时，磁场切向分量必须为零，右侧空气域内矢量磁位通解为

$$AVI(x,y) = \sum_{j=1}^{\infty} (C_{10} e^{\lambda y} + C_{11} e^{-\lambda y}) \cos\lambda(x-x_8) \qquad (2-29)$$

在区域Ⅶ：为满足在 $x=0$，$x=x_9$ 和 $y=y_2$ 时，矢量磁位必须为零，下方空气域内矢量磁位通解为

$$AVII(x,y) = \sum_{n=1}^{\infty} C_{12} e^{-\frac{\alpha}{y-y_2}} \sin(\alpha x) \qquad (2-30)$$

式中，j、k、l、m、i 均为整数；$\lambda = \dfrac{(2j+1)\pi}{2(x_9-x_8)}$，$\beta = \dfrac{(2k+1)\pi}{2x_1}$，$\gamma = \dfrac{l\pi}{x_3-x_2}$，$\omega = \dfrac{m\pi}{x_5-x_4}$，$\varphi = \dfrac{i\pi}{x_7-x_6}$。

由边界处矢量磁位连续可得边界条件：

$$\begin{cases} AI(x,y_1) = AII_x(x,y_1), x \in [0,x_1] \\ AI(x,y_1) = AIII_x(x,y_1), x \in [x_2,x_3] \\ AI(x,y_1) = AIV_x(x,y_1), x \in [x_4,x_5] \\ AI(x,y_1) = AV_x(x,y_1), x \in [x_6,x_7] \\ AI(x,y_1) = AVI_x(x,y_1), x \in [x_8,x_9] \\ AVII(x,0) = AII_x(x,0), x \in [0,x_1] \\ AVII(x,0) = AIII_x(x,0), x \in [x_2,x_3] \\ AVII(x,0) = AIV_x(x,0), x \in [x_4,x_5] \\ AVII(x,0) = AV_x(x,0), x \in [x_6,x_7] \\ AVII(x,0) = AVI_x(x,0), x \in [x_8,x_9] \end{cases} \qquad (2-31)$$

同样，认为在铁磁边界上，施加磁场切向分量为零的边界条件，即当 $x \in [x_1,x_2]$，$x \in [x_3,x_4]$，$x \in [x_5,x_6]$，$x \in [x_7,x_8]$ 时，

$$\begin{cases} H_x(x,y_1) = 0 \\ H_x(x,0) = 0 \end{cases} \qquad (2-32)$$

将通解与式(2-32)联立可以获得两个方程:

当 $y = y_1$ 时,

$$
\begin{aligned}
HI_x(x,y_1) = {} & HII_x(x,y_1) + HIII_x(x,y_1) + \\
& HIV_x(x,y_1) + HV_x(x,y_1) + HVI_x(x,y_1)
\end{aligned} \tag{2-33}
$$

当 $y = 0$ 时,

$$
\begin{aligned}
HVII_x(x,0) = {} & HII_x(x,0) + HIII_x(x,0) + \\
& HIV_x(x,0) + HV_x(x,0) + HVI_x(x,0)
\end{aligned} \tag{2-34}
$$

将上述矢量磁位连续[式(2-31)]和铁磁边界条件[式(2-33)和式(2-34)]共12 个边界条件,与通解联立获得 12 个线性无关方程组,求解线性方程组可以确定待定系数,即 12 个积分常数即 $C_1 \sim C_{12}$,进而确定各子域矢量磁位的通解。

依据各子区域的矢量磁位,可由如下关系获得永磁转子表面磁通密度分布

$$
\begin{cases}
B_y(x,y) = -\dfrac{\partial A(x,y)}{\partial x} \\[2mm]
B_x(x,y) = \dfrac{\partial A(x,y)}{\partial y}
\end{cases} \tag{2-35}
$$

$$
H = \frac{B}{\mu_0} - M \tag{2-36}
$$

图 2-9 所示为取级数形式求解结果的前 50 项时,永磁转子表面 1 mm 和 2 mm 处磁通密度的垂直分量和水平分量分布的解析计算结果和实际永磁转子表面磁场的实验测量结果。可见,磁通密度的轴向分布和径向衰减的计算结果与实验测量结果基本吻合,说明子域解析计算模型可用于永磁转子磁场的计算,且解析计算结果可作为边界条件耦合到超导定子有限元模型计算超导磁悬浮轴承的轴向悬浮力和径向悬浮力。

2.2.3　SC-PM 微元模型的数值计算

与 2.1 节中轴向悬浮力的建模思路类似,为避免 SC-PM 微元模型中超导定子和永磁转子间相对运动的复杂建模,在 COMSOL Multiphysics 5.2 的 PDE 接口下采用 H 公式法建立如图 2-10 所示直角坐标系下的径向超导磁悬浮轴承矩形薄片 SC-PM 微元的二维有限元模型。

仅对矩形区域 $abcd$ 内部的超导体区域以及附近的空气域进行有限元数值求解。求解域的约束方程、超导体本构关系等均与 2.1 节中方法相同。但此处采用 2.2.2 获得的永磁转子磁场解析计算结果,施加到气隙中边界 $\overline{ab}$,以表征发生径向移动的永磁转子产生的励磁磁场。同样,因边界 $\overline{bc}$、$\overline{cd}$ 和 $\overline{da}$ 距永磁转子较远,可近似认为狄利克雷磁绝缘边界条件。其中每个超导区域要采用电流和为零的积分约束。采用洛伦兹公式即可实现单位厚度 SC-PM 微元超导磁悬

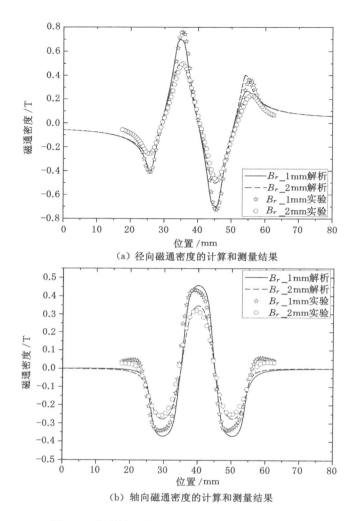

（a）径向磁通密度的计算和测量结果

（b）轴向磁通密度的计算和测量结果

图 2-9 永磁转子表面径、轴向磁通密度的轴向分布

浮系统定转子间悬浮力的快速仿真计算。

$$F/L = \int_s J \times B \cdot \mathrm{d}s \qquad (2\text{-}37)$$

2.2.4 SC-PM 微元的数值仿真结果

建立直角坐标系下径向超导磁悬浮轴承单位厚度矩形薄片 SC-PM 微元的二维有限元模型进行数值计算。初始状态为场冷条件且矩形薄片 SC-PM 微元的初始定转子间隙厚度为实际径向超导磁悬浮轴承定转子同心时的均匀气隙厚

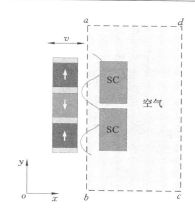

图 2-10　矩形薄片 SC-PM 微元的有限元模型

度。获得矩形薄片 SC-PM 微元超导定子和永磁转子间的悬浮力随二者间隙厚度的变化规律。

当 SC-PM 微元的永磁转子沿径向发生偏心,即沿着 x 轴正方向以 1 mm/s 的速度偏移 1.4 mm,然后返回初始位置。相当于在图 2-6 中 $x>0$ 范围内,矩形薄片 SC-PM 微元的定转子间隙厚度先减小后增加,不同时刻的超导定子内部感应电流密度分布和横向悬浮力随着永磁转子位移的变化规律如图 2-11 和 2-13所示。在图 2-6 中 $x<0$ 的范围内,相当于矩形薄片 SC-PM 微元的定转子间隙厚度先增加后减小,此时,不同时刻超导定子内部感应电流密度分布和横向悬浮力随永磁转子位移的变化规律如图 2-12 和 2-14 所示。若永磁转子发生沿其他方向的偏心运动,等效方法与上述处理类似。注意图 2-13 和 2-14 中的悬浮力指的是矩形薄片 SC-PM 微元的定转子间横向相互作用力,而非实际径向超导磁悬浮轴承的径向悬浮力。

可见,在一定位移范围内,当 SC-PM 微元的永磁转子处于以下情况时:

(1)沿 x 轴正方向发生偏移时

① 在永磁转子靠近超导定子的过程中,超导定子内的感应电流密度穿透深度范围逐渐增加以屏蔽逐渐增强的永磁转子磁场。同时,横向悬浮力的大小随着偏心位移的增加而逐渐增大。

② 在永磁转子远离超导定子的返程过程中,超导定子内感应出反向的电流密度以阻碍逐渐减弱的永磁转子磁场。同时,横向悬浮力的大小随着偏心位移的减少而逐渐减小。

(2)沿 x 轴负方向发生偏移时

永磁转子距离超导定子相对较远,因而超导定子感受到的外磁场相对较弱,

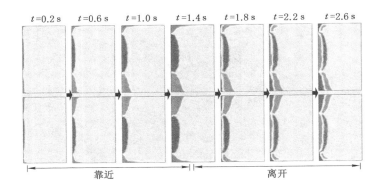

图 2-11　超导定子电流密度分布（先靠近再远离）

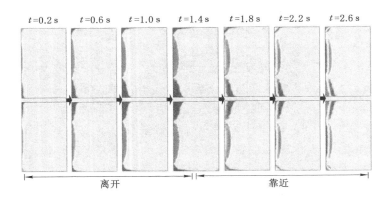

图 2-12　超导定子电流密度分布（先远离再靠近）

感应超导电流的穿透深度相对较小。但超导定子内的感应电流密度的变化规律与沿 x 轴正方向偏心情况类似。① 在永磁转子远离超导定子的往程过程中，横向悬浮力的大小随着偏心位移的增加而增大；② 在永磁转子靠近超导定子的返程过程中，横向悬浮力的大小随着偏心位移的减少而减小。

　　另外，在永磁转子靠近和远离超导定子的往返运动过程中，图 2-13 和图 2-14 均表现出 SC-PM 系统悬浮力-位移关系的滞后特性[85,86]。高温超导磁悬浮系统的这种磁滞特性会导致其钉扎的磁力线从初始钉扎中心偏移到另一个位置。因此，当转子卸载后，相对于初始位置，转子位置会表现出一定的偏移量。也就是说，随着永磁转子的移动，悬浮力从零开始变化。但当永磁转子返回到初始位置时，悬浮力却并未归到零值。

　　依据图 2-13 和 2-14，针对四种不同运动过程，对矩形薄片 SC-PM 微元的悬

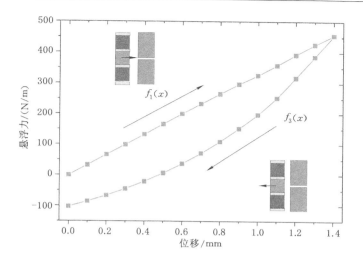

图 2-13　SC-PM 微元的横向悬浮力-位移变化情况（先靠近再远离）

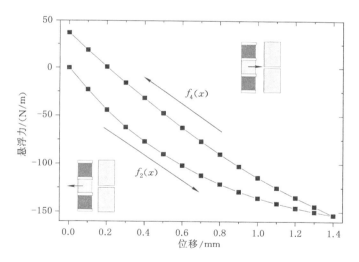

图 2-14　SC-PM 微元的横向悬浮力-位移变化情况（先远离再靠近）

浮力-位移关系仿真结果进行二次多项式拟合，得出不同运动过程中，单位厚度矩形薄片 SC-PM 微元的悬浮力与气隙的拟合函数关系：

① 当沿 x 轴正方向偏心，永磁转子靠近超导定子的往程过程，即气隙减小：

$$f_1(x) = a_1 x^2 + b_1 x + c_1 \tag{2-38}$$

② 当沿 x 轴负方向偏心，永磁转子远离超导定子的往程过程，即气隙增大：

$$f_2(x) = a_2 x^2 + b_2 x + c_2 \tag{2-39}$$

③ 当沿 x 轴正方向偏心,永磁转子远离超导定子的返程过程,即气隙增大:

$$f_3(x) = a_3 x^2 + b_3 x + c_3 \qquad (2\text{-}40)$$

④ 当沿 x 轴负方向偏心,永磁转子靠近超导定子的返程过程,即气隙减小:

$$f_4(x) = a_4 x^2 + b_4 x + c_4 \qquad (2\text{-}41)$$

其中 x 为单位厚度矩形超导定子和永磁转子间的气隙厚度,其与永磁转子的偏心位移相对应。a_i、b_i 和 c_i 为二次多项式拟合系数如表 2-2 所示,$i=1,2,3,4$ 表示图 2-13 和图 2-14 所示的 4 种不同运动过程。

表 2-2 薄片 SC-PM 微元的悬浮力与气隙关系拟合结果

i	系数		
	a	b	c
1	-8.41	337.78	-0.88
2	72.65	-206.54	-3.73
3	218.51	82.21	-94.61
4	37.87	-189.23	37.33

2.3 悬浮力的仿真结果与实验测量

2.3.1 样机与实验测量平台

为方便超导体的浸泡冷却,按照 2.1 节中图 2-1 和表 2-1 所示的结构和参数,加工试制采用外超导定子和内永磁转子结构的径向型超导磁悬浮轴承小样机。如图 2-15(a)、(b)、(c) 和 (d) 所示分别为超导定子采用的 YBCO 高温超导块材、内永磁转子、外定子超导环和灌封处理的超导定子实物。

超导块材采用北京有色金属研究总院烧结法制备的单晶融熔织构钇钡铜氧高温超导块材(临界电流密度约为 1.0×10^8 A/m²)。16 块长方体状超导块材经过打磨处理成瓦片状,每 8 块拼接成一个定子超导环。两个定子超导环轴向同轴叠加构成超导定子,放置于铜套筒中并加注环氧树脂胶灌封固化。这里的环氧树脂胶选用进口 STYCAST 2850FT/Catalyst 23LV 组合胶,其同时具有良好的耐低温性和良好的导热性。经实验测试其可以保证超导定子低温环境下的结构强度和冷却条件。永磁转子包括 3 个钕铁硼 NdFeB 永磁环(N50 轴向磁化,剩磁密度约为 1.4 T)和 4 个高导磁性聚磁铁环。永磁环和聚磁铁环相间同轴叠放且永磁环同极性相对,共同套装在一个无磁铝合金轴上。

为验证超导磁悬浮轴承的悬浮力理论建模和计算结果,搭建如图 2-16 所示的

(a) YBCO 超导块材

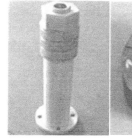  

(b) 内永磁转子　　(c) 外定子超导环　　(d) 灌封后的超导定子

图 2-15　径向型超导磁悬浮轴承实物

超导磁悬浮轴承悬浮力三维测量平台[87]。该平台主要包括三维运动机械手及驱动控制系统、传感测量系统、数据采集系统(每秒最高可采集 20 个点)和结构支架等。三轴机械手安装于结构支架上部;低温液氮杜瓦底部通过拉/压力传感器(测力范围:-3 000～3 000 N;精度 0.15%)固定连接在结构支架底部。首先将超导定子固定于低温液氮杜瓦底部,并注入液氮进行冷却,然后将永磁转子固定连接在三维运动机械手上。通过驱动控制系统对三轴伺服电机的控制实现机械手和永磁转子的任意三维运动和三维空间任意位置精确定位(x,y,z 轴方向的最大位移分别为 450 mm,450 mm,550 mm;位移精度约为 0.05 mm)。在永磁转子励磁磁场作用下,产生作用于超导定子的悬浮力,并通过拉/压力传感器输出的电压信号,最终通过数据采集和后处理得到悬浮力测量结果。该测量装置还可以测量其他悬浮装置的悬浮力,如永磁轴承、电磁悬浮轴承等。根据厂家对拉/压力传感器精度校验,该测量装置可获得较准确的测量结果(误差小于 3%)。

2.3.2　轴向悬浮力计算结果与实验验证

场冷情况下,永磁转子初始位置对应超导定子中心,然后以 1 mm/s 的速度沿着轴向方向向上移动 10 mm,再返回初始位置。图 2-17 所示分别为时刻 $t=4,8,$ 10,14,18,20 s 时超导定子内电流密度分布情况。可以观察到场冷情况下,移动永磁转子作用下超导体内电流密度的分布情况与[88]相似,这定性地表明 2.1 节理论

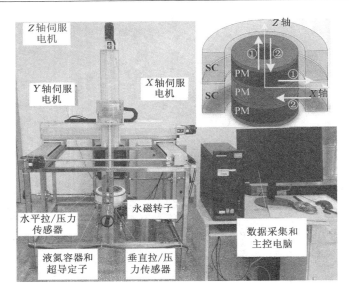

图 2-16　悬浮力三维实验测量平台

建模方法的可行性。零场冷情况下,永磁转子初始位置位于超导定子中心下方 50 mm处,然后以 1 mm/s 的速度沿着轴向方向向上移动 50 mm,再返回初始位置。图 2-18 所示分别为在永磁转子上移过程中 6 个时刻超导定子内电流密度分布情况。可以观察到超导体产生的屏蔽电流主要分布在靠近永磁转子一侧,即超导定子内表面的一定透入深度范围内,且表现出一定的磁场屏蔽作用。

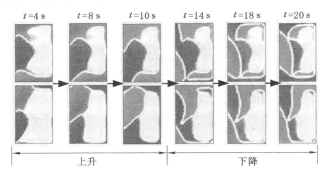

图 2-17　场冷情况下时刻 $t=4,8,10,14,18,20$ s 时超导感应电流密度分布

　　分别进行场冷和零场冷情况下的轴向悬浮力的仿真计算和测量实验,图 2-19和图 2-20 分别为场冷和零场冷情况下的轴向悬浮力-位移关系的测量结果和有限元数值计算结果。场冷时,在 0~10 mm 的上升段,当钉扎在超导块材

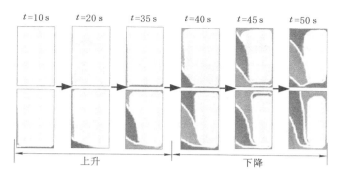

图 2-18　零场冷时 $t=10,20,35,40,45,50$ s 时超导感应电流密度分布

中的磁通线较少时,永磁转子沿轴向移动较短的位移即可达到悬浮力的最大值约 114 N,而且当轴向悬浮力到达最大值后衰减较快;在 10～0 mm 的下降段,悬浮力曲线呈单调变化趋势,可近似为一条直线。零场冷时,轴向悬浮力的最大值约为 40 N,仅为场冷时的 1/3。这主要是因为钉扎在超导块材中的磁通线较少,而径向型超导磁悬浮轴承的悬浮力主要与块材中钉扎磁通的数量相关。因此,对比场冷和零场冷的实验结果亦可知道,径向型超导磁悬浮轴承应该以场冷为主要工作方式。

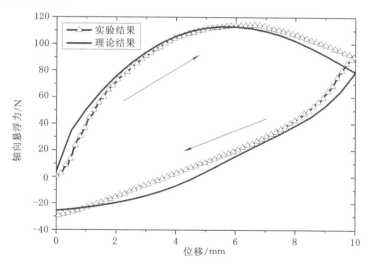

图 2-19　场冷情况下悬浮力-位移关系理论计算与实验测量对比

　　尽管轴向悬浮力的理论计算与实验测量结果在场冷情况下较大位移(8～10 mm)处和零场冷情况下较小位移(-20～-10 mm)处存在一定误差。除了

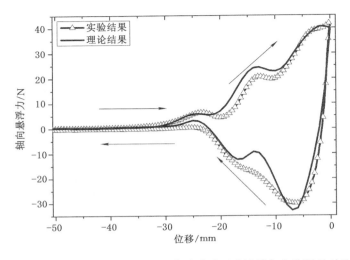

图 2-20 零场冷情况下悬浮力-位移关系理论计算与实验测量对比

轴向悬浮力计算有限元模型对边界条件的简化处理外,原因还可能是超导块材的拼接效应、永磁体磁化不均匀性及特性恶化和实验测量误差。但总体来讲,轴向悬浮力的有限元数值计算与实验测量结果在变化趋势和数值大小方面比较吻合,其可以作为径向型超导磁悬浮轴承轴向悬浮力的理论计算工具。

2.3.3 径向悬浮力计算结果与实验验证

2.3.3.1 径向悬浮力计算

当永磁转子发生径向偏心时,如图 2-21 所示,超导定子和永磁转子间不均匀气隙厚度的周向分布可由偏心气隙公式[89][90]近似表达为

$$\delta(\theta,t) \approx \delta_0 - \varepsilon\cos(\theta - \gamma) \tag{2-42}$$

其中,δ_0 为定子与转子同心时的平均气隙厚度;$\varepsilon = \sqrt{x^2 + y^2}$ 为转子偏心距;γ 为转子偏心方向与正 x 轴方向的夹角;θ 为矩形薄片 SC-PM 微元的圆周方向位置角。此处主要以沿 x 轴正方向的偏心情况为例进行讨论,即 $\gamma = 0$。

径向型高温超导磁悬浮轴承的径向悬浮力可以看作如图 2-6 所示沿圆周方向构成轴承整体的无穷多个矩形薄片 SC-PM 微元的横向悬浮力的矢量之和。当永磁转子沿着 x 轴正方向发生偏心时,由于模型关于 x 轴上下对称,所以径向悬浮力的 y 轴分量上下抵消为零,即径向悬浮力主要存在 x 轴分量。基于永磁转子发生径向偏心时的周向不均匀气隙公式,通过对沿圆周方向不同位置角处矩形薄片 SC-PM 微元的横向悬浮力进行积分,可得径向悬浮力的简化解析计算模型。

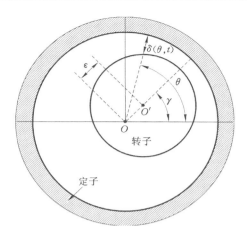

图 2-21　转子径向偏心时气隙图

当永磁转子沿 x 轴正方向发生偏心，从超导定子中心移动距离 d 时，往程过程中的径向悬浮力为

$$F = \int_0^{2\pi} R_i \cdot f_i(\delta)\cos\theta\mathrm{d}\theta$$

$$= R_i\left(\int_0^{\pi/2} f_1(\delta)\cos\theta\mathrm{d}\theta + \int_{\pi/2}^{3\pi/2} f_2(\delta)\cos\theta\mathrm{d}\theta + \int_{3\pi/2}^{2\pi} f_1(\delta)\cos\theta\mathrm{d}\theta\right)$$

(2-43)

然后，永磁转子返回其初始位置，即定子中心位置处，返程过程中的径向悬浮力为

$$F = \int_0^{2\pi} R_i \cdot f_i(\delta)\cos\theta\mathrm{d}\theta$$

$$= R_i\left(\int_0^{\pi/2} f_3(\delta)\cos\theta\mathrm{d}\theta + \int_{\pi/2}^{3\pi/2} f_4(\delta)\cos\theta\mathrm{d}\theta + \int_{3\pi/2}^{2\pi} f_3(\delta)\cos\theta\mathrm{d}\theta\right)$$

(2-44)

其中 δ 为转子发生偏心时，不同圆周位置角处的气隙厚度。根据前文偏心气隙公式可得，当转子沿着 x 轴正方向发生偏心位移时，$\delta(\theta) \approx \delta_0 - \varepsilon\cos\theta$，$\varepsilon$ 为永磁转子的偏心位移。采用该方法还可以计算零场冷条件下的径向悬浮力，这在实验条件下是难以测量的。因为开始径向运动之前必须调整永磁转子的定位，这样开始测量之前永磁转子磁场已经对超导体进行了一定程度的磁化，也就是说难以实现绝对的零场冷实验条件。

2.3.3.2　径向悬浮力实验验证

针对 2.1 节所述的小型径向型高温超导磁悬浮轴承，采用搭建的悬浮力三维测量平台，开展永磁转子两种往返偏心运动情况下径向悬浮力的实验测量：① 永磁转子从 0 mm 沿 x 轴正方向移动 1.4 mm，然后再返回初始位置；② 永磁转子从

0 mm 沿 x 轴正方向移动 1.4 mm,然后沿 x 轴负方向移动至—1.4 mm,再返回初始位置。以上两种情况永磁转子径向移动的速度均为 1 mm/s。图 2-22 和 2-23 所示分别为在永磁转子两种往返偏心运动过程中径向悬浮力-位移关系的计算结果与测量结果的对比情况。可见发现:① 永磁转子偏离超导定子中心的往程过程中,径向悬浮力的大小随着偏心位移的增加而增大;② 在永磁转子返回超导定子中心位置处的返程过程中,径向悬浮力的大小随着偏心位移的减少而减小。但径向悬浮力的计算结果在往程过程的 1.1～1.4 mm 和返程过程的 0～0.3 mm 范围内与实验测量结果存在一定误差。原因可能是该建模计算方法所基于的理想化假设和近似等效处理手段,如忽略曲率效应等,尽管如此,二者在径向悬浮力-位移关系整体变化趋势方面具有较好的一致性。另外,计算结果还能体现出高温超导磁悬浮系统的悬浮力-位移关系的"磁滞"特性。但是,该径向力建模方法在"磁滞"效应的定量计算方面还存在较大误差,仍需进一步改进。

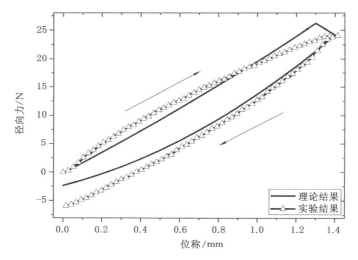

图 2-22　永磁转子发生往返偏心运动情况下的径向悬浮力-位移关系(情况 1)

2.4　本 章 小 结

本章主要针对径向型超导磁悬浮轴承,开展轴向悬浮力和径向悬浮力的理论建模计算和实验测量验证。

针对高温超导磁悬浮轴承悬浮力数值计算存在的三个难点,提出一种简化径向型超导磁悬浮轴承轴向悬浮力计算的建模方法。基于磁场强度 H 法,采用软件 COMSOL 建立超导磁悬浮轴承超导定子的二维轴对称有限元模型。在耦

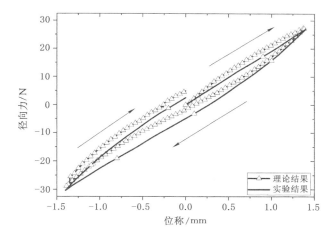

图 2-23　永磁转子发生往返偏心运动情况下的径向悬浮力-位移关系(情况 2)

合定转子间气隙边界条件上施加具有行波磁场特征的谐波级数形式磁场表达式,以表征轴向往复移动的永磁转子。同时考虑超导体材料的强非线性 E-J 关系和转子非线性铁磁材料对磁场影响的情况下,避免了超导定子和永磁转子间复杂移动网格设置,可以实现径向超导磁悬浮轴承轴向悬浮力的快速计算。

　　提出一种简化径向型超导磁悬浮轴承径向悬浮力计算的理论建模方法。假设可将径向高温超导磁悬浮轴承看作由无穷多个矩形薄片 SC-PM 微元系统沿圆周方向构成。通过二维有限元法求解获得直角坐标系下单位厚度 SC-PM 微元系统在不同运动过程中的横向悬浮力-位移关系。结合微元分析法和转子偏心时的不均匀气隙公式,建立径向超导磁悬浮轴承径向悬浮力的简化计算模型。该方法无需建立复杂三维有限元模型,可避免庞大的三维数值计算,具有快速便捷的优点。

　　通过采用三维悬浮力测试平台进行悬浮力的测量验证,发现在场冷和零场冷条件下,轴向悬浮力-位移关系、径向悬浮力-位移关系的理论计算结果和实验测量结果获得了较好的一致性,验证了所述悬浮力计算建模的可行性,其可以作为径向型超导磁悬浮轴承轴向和径向悬浮力特性计算及优化的理论工具。

第3章 超导磁悬浮轴承悬浮力动态特性分析

超导磁悬浮是一种多自由度自稳定悬浮,考虑到实际情况下可能承受的外界干扰和时变负载,研究超导磁悬浮轴承的动态悬浮力特性和多自由度悬浮特性对其实况运行的性能预测非常重要。本章主要开展径向型超导磁悬浮轴承悬浮力的动态特性研究,包括轴向悬浮力的动态轴向振动特性分析和实验测量验证[91,92]、径向型超导磁悬浮轴承多自由度三维数值建模和永磁转子多自由度运动时的动态悬浮力特性分析[93]。

3.1 轴向振动特性分析

研究外界扰动对超导磁悬浮装置悬浮力动态特性的影响具有一定的实际应用需求。例如,超导磁悬浮列车的乘客上下车引起的振动会引起列车超导体和永磁轨道之间的气隙改变,为此,通过特殊实验装置改变超导体的垂直位置,研究直线超导磁悬浮轴承的动态气隙特性[94,95]、垂直和导向动态悬浮特性[96]以及不同温度情况下的动态振动特性[97,98]。文献[99]针对超导磁悬浮系统,研究了磁体在工作点附近做往复运动对悬浮力动态特性的影响;文献[100]在超导磁悬浮飞轮储能系统中,研究了悬浮体转子的三种运行模式(轴向正弦振动、涡旋运动、锥形旋转)对全超导磁悬浮轴承动态悬浮特性的影响规律。近年来不少学者提出采用超导带材替代超导块材的磁悬浮系统[101],研究了二代高温超导带材堆叠-磁体系统在静态和动态轴向振动(频率为 15 Hz,20 Hz 和 30 Hz)情况下的悬浮力弛豫特性。但关于振动情况下径向型超导磁悬浮轴承的动态悬浮力特性,相关研究甚少,尚需开展进一步的研究工作。本节将基于第 2 章中径向型超导磁悬浮轴承轴向悬浮力计算的建模方法,在 COMSOL 中建立永磁转子轴向振动情况下径向超导磁悬浮轴承悬浮力动态特性计算的有限元模型,然后对永磁转子承受轴向恒定负载、正弦变化负载以及发生轴向正弦振动情况时,开展径向型超导磁悬浮轴承悬浮力动态特性的仿真研究和实验验证。

3.1.1　恒定负载特性

3.1.1.1　不同负载大小

当径向型超导磁悬浮轴承完成场冷时,向永磁转子施加轴向恒定负载(包括悬浮体转子的自重)。此时的永磁转子相对初始场冷位置发生一定的轴向位移,并产生作用于超导定子的轴向悬浮力以平衡该轴向恒定负载,最终进入稳态。根据牛顿第二定律建立永磁转子 z 轴方向单自由度运动的动力学方程

$$m\ddot{z} + c\dot{z} + kz = F \tag{3-1}$$

其中,m 为永磁转子质量;z 为永磁转子轴向位移;$\ddot{z}$ 和 $\dot{z}$ 分别为 z 对时间 t 的二阶导数和一阶导数;c 为超导磁悬浮轴承系统的阻尼系数;k 为系统的刚度;F 为永磁转子所受的合力,包括悬浮体自身重力 G、超导磁悬浮轴承提供的轴向悬浮力 F_z 和其他轴向负载 f_z。

为了分析超导磁悬浮轴承动力学模型的动态响应,当永磁转子在脉冲形式的外界激扰下,永磁转子的 z 位移变化,可以通过齐次常微分方程[102]表达

$$m\ddot{z} + c\dot{z} + kz = 0 \tag{3-2}$$

假设其通解为指数形式,即

$$z(t) = Ze^{st} \tag{3-3}$$

将通解代入方程(3-2)可得其根为

$$s_{1,2} = -\frac{c}{2m} \pm \frac{\sqrt{c^2 - 4mk}}{2m} \tag{3-4}$$

此外,将方程(3-2)等号左右同除以 m

$$\ddot{z} + \frac{c}{m}\dot{z} + \frac{k}{m}z = 0 \tag{3-5}$$

与(3-5)对应,可以获得超导磁悬浮轴承系统轴向单自由度运动动力学模型的另一种表达形式,即二阶自由振动方程[103]

$$\ddot{z} + 2\xi\omega_n\dot{z} + \omega_n^2 z = 0 \tag{3-6}$$

式中,ξ 为系统的阻尼比;ω_n 为系统振动的固有频率。

再次采用式(3-3)所示的通解,将其代入式(3-6)可得其根为

$$s_{1,2} = -\xi\omega_n \pm \omega_n\sqrt{\xi^2 - 1} \tag{3-7}$$

若 $c^2 - 4mk < 0$(或 $\xi < 1$),则常微分方程的根具有虚部,可以描述超导磁悬浮轴承系统动力学特性。如式(3-4)的虚部可以确定永磁转子的振动频率,即阻尼振动频率 ω_d

$$\omega_d = \frac{\sqrt{4mk - c^2}}{2m} \tag{3-8}$$

一般情况下系统的阻尼频率 ω_d 小于固有频率 ω_n。然而在超导磁悬浮系统中,其黏滞阻尼系数非常小,即 $c \approx 0$ 或 $\xi \approx 0$,这意味着阻尼频率 ω_d 非常接近固有频率 ω_n,所以这里统称超导磁悬浮系统的振动频率 ω 以及与系统刚度系数 k 的关系为

$$k = m\omega^2 \tag{3-9}$$

进一步可以获得永磁转子轴向位移的动态响应解析解[104]为

$$z(t) = Ze^{-\alpha t}\sin(\omega t + \theta) \tag{3-10}$$

其中指数项的衰减系数 α 为根 $s_{1,2}$ 的实部,因此系统的黏滞阻尼系数为

$$c = 2m\alpha \tag{3-11}$$

类似的,可以获得系统的阻尼比 ξ

$$\xi = \frac{\alpha}{\omega} \tag{3-12}$$

通过拟合超导磁悬浮轴承动态测试实验或仿真数据可确定式(3-10)的系数,进而根据(3-9)、(3-11)和(3-12)可以确定超导磁悬浮轴承系统的刚度系数、阻尼系数和振动频率(周期)。

在第 2 章径向超导磁悬浮轴承的建模基础上,采用 COMSOL 的偏微分方程 PDE 接口计算轴向悬浮力,结合常微分方程 ODE 接口模拟永磁转子轴向动力学响应,建立轴向恒定负载作用下径向超导磁悬浮轴承的轴向悬浮力数值计算模型。仿真研究永磁转子承受不同大小的轴向恒定负载时,径向超导磁悬浮轴承的动态轴向悬浮力特性。图 3-1 和 3-2 所示分别为场冷条件下,永磁转子承受轴向恒定负载(其中包括转子自重约 15 N)分别为 15 N、30 N 和 50 N 时的轴向悬浮力和永磁转子轴向位移随时间变化的情况。就整体趋势而言,当永磁转子承受不同大小的轴向恒定负载时,超导磁悬浮轴承的轴向悬浮力和永磁转子发生的轴向位移随时间变化规律十分相似,二者均存在类正弦的波动:波动周期基本不随时间变化,波动幅值则随时间逐渐衰减而趋于稳定值。这里的波动周期是由超导磁悬浮轴承构成的自稳定悬浮阻尼系统的阻尼周期 T_d,与负载大小无关。当恒定负载为 15 N、30 N 和 50 N 时超导磁悬浮轴承系统对应的阻尼周期 T_d 均为 0.036 s(若转子自重分别为 15 N、30 N 和 50 N 时且无其他外界负载时,经仿真计算,对应的阻尼周期 T_d 分别为 0.036 s、0.052 s 和 0.064 s,即系统阻尼周期随着转子质量的增加而变大)。因而,受到阻尼作用,轴向悬浮力和位移的波动幅值被逐渐削弱而趋于稳定值。另外,随着轴向恒定负载的增加,轴向悬浮力和位移的波动幅值明显变大;达到稳定波动所需时间(15 N、30 N 和 50 N 时分别对应 0.75 s、1.0 s 和 1.3 s)也逐渐变长。达到稳定波动后,轴向悬浮力的平均值分别对应相应的轴向恒定负载大小;但永磁转子轴向位移的平均

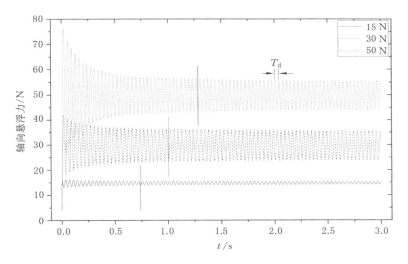

图 3-1   场冷时轴向恒定负载作用下的轴向悬浮力-时间关系

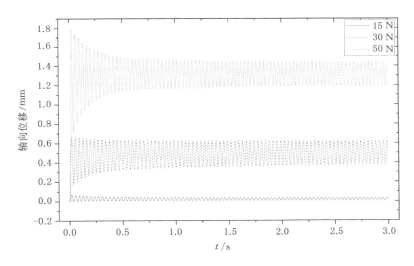

图 3-2   场冷时轴向恒定负载作用下的永磁转子轴向位移-时间关系

值却随着轴向恒定负载的增加而逐渐变大,表明永磁转子的工作点,即位移波动的平衡位置相对初始场冷位置发生更大的偏移。

3.1.1.2   不同初始速度

当径向超导磁悬浮轴承完成场冷时,向永磁转子施加轴向恒定负载(15 N),并给定永磁转子一定的轴向运动初始速度 V_0。这种情况下,永磁转子会经历一个动态过程,相对场冷位置发生一定的轴向位移,并产生轴向悬浮力以平衡该轴向恒定负载最终进入稳态。同时,建立轴向恒定负载作用下永磁转子不同初始速度时的径向超导磁悬浮轴承的轴向悬浮力数值计算模型,以及仿真研究永磁转子不同初始速度时,径向超导磁悬浮轴承的动态轴向悬浮力特性。图 3-3 和 3-4 所示为场冷条件下,永磁转子的初始速度分别为 0 m/s,0.3 m/s 和 0.5 m/s 时的轴向悬浮力和永磁转子轴向位移随时间的变化情况。由图中可见:与永磁转子承受轴向恒定负载时的动态变化情况类似,当永磁转子以一定初始速度轴向运动时,超导磁悬浮轴承的轴向悬浮力和永磁转子的轴向位移随时间变化的整体趋势和规律也非常相似,二者均存在类正弦的波动,且波动周期基本不随时间变化,波动幅值则随时间逐渐衰减而趋于稳定值。对比永磁转子以不同初始速度轴向运动的情况,轴向悬浮力或轴向位移的波动周期,即超导磁悬浮轴承系统的固有阻尼周期 T_d,随着永磁转子初始速度的增加而有所变大(初始运动速度为 0 m/s,0.3 m/s 和 0.5 m/s 时相应的阻尼周期分别约为 0.036 s,0.038 s 和 0.04 s)。另外,当永磁转子具有一定轴向运动初始速度时,轴向悬浮力和位移的波动幅值明显变大,达到稳定波动所需时间也明显变长;但稳定波动时的轴向悬浮力的平均值相同,均为永磁转子承受的轴向恒定负载 15 N。永磁转子轴向位移的平均值则随着永磁转子初始速度的增加而逐渐变大,表明永磁转子的工作点,即波动的平衡位置受永磁转子轴向运动初始速度的影响,而相对初始场冷位置发生不同程度的偏移。

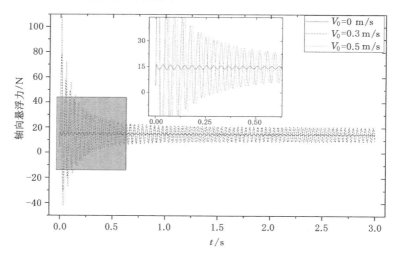

图 3-3 场冷情况下永磁转子不同初始速度时的轴向悬浮力-时间关系

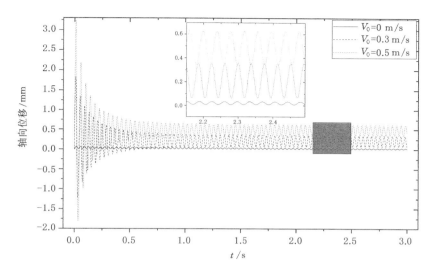

图 3-4　场冷情况下不同初始速度时的轴向位移-时间关系

3.1.2　轴向正弦负载

实际情况下,很多超导磁悬浮轴承系统不仅承受悬浮体自身重量带来的恒定负载,还承受外界干扰或系统激励频率引起的波动性变化负载[105,106]。本节主要讨论永磁转子在轴向恒定负载和轴向正弦规律变化负载的叠加作用下,径向型超导磁悬浮轴承的轴向悬浮力动态特性。

3.1.2.1　振幅特性

假设径向超导磁悬浮轴承的悬浮体自重约为 15 N,另外受外界干扰或系统激励频率引起的波动性变化负载为正弦规律变化,频率为 15 Hz,幅值分别为 2 N,5 N 和 10 N。当永磁转子在轴向恒定负载和三种不同幅值的正弦规律变化轴向负载的叠加作用下,径向超导磁悬浮轴承的轴向悬浮力和轴向位移随时间的动态变化情况分别如图 3-5 和 3-6 所示。可以看出轴向悬浮力和轴向位移随时间具有相似的变化规律:不同于轴向恒定负载情况下轴向悬浮力和轴向位移的波动幅值会逐渐趋于稳定,当永磁转子承受正弦变化的轴向负载时,进入稳态后的轴向悬浮力和轴向位移的波动幅值仍然存在较低频的波动,且该幅值随着负载波动幅值的增加而显著变大。但由于负载存在的恒定分量,三种不同幅值情况下的轴向悬浮力和轴向位移的稳态平均值基本保持不变。

3.1.2.2　频率特性

同样,假设径向超导磁悬浮轴承的悬浮体自重约为 15 N,若外界干扰或系

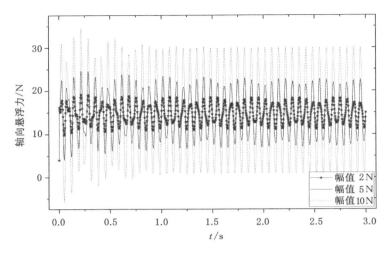

图 3-5　场冷情况下不同负载波动幅值条件(频率 15 Hz)时的轴向悬浮力-时间关系

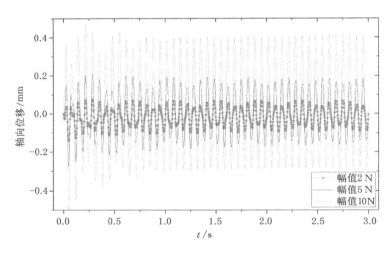

图 3-6　场冷情况下不同负载波动幅值条件(频率 15 Hz)时的轴向位移-时间关系

统激励频率引起正弦规律变化的波动性负载的幅值为 5 N,而频率分别为 5 Hz,15 Hz 和 50 Hz。图 3-7 和图 3-8 所示分别为永磁转子在轴向恒定负载和三种不同频率的轴向正弦规律变化负载的叠加作用下,径向型超导磁悬浮轴承的轴向悬浮力和轴向位移随时间的动态变化情况。可以看出三种不同频率情况下的轴向悬浮力和轴向位移随时间也具有相似的变化规律,但不再是类似正弦的变化规律。不同于轴向恒定负载情况下明显的波动周期性且波动幅值会逐渐趋于恒定,当永磁转子承受不同频率的正弦变化负载时,轴向悬浮力和轴向位移随时间呈现出复杂的波动规律,主要原因是系统的固有阻尼频率与正弦负载频率的叠加效应,导致轴向悬浮力和轴向位移随时间的变化包含一些谐波含量。

　　由于存在的恒定分量负载,轴向悬浮力和轴向位移的稳态平均值几乎不受轴向正弦负载频率的影响而保持基本不变。从整体趋势看,尽管振动幅值相同,当负载频率由 5 Hz 增加至 50 Hz 时,轴向悬浮力和轴向位移的波动幅值呈先增加后减小的趋势,如图 3-7 和 3-8 所示。尤其当频率为 50 Hz 时,此时轴向悬浮力和轴向位移的波动幅值却有所下降。这是由于频率较高时,相当于在动态场情况下,超导磁悬浮轴承提供的悬浮力和刚度值明显大于静态和准静态场情况。因而,在较强悬浮刚度支撑下,永磁转子仅产生较小的振动位移和相应的悬浮力波动。

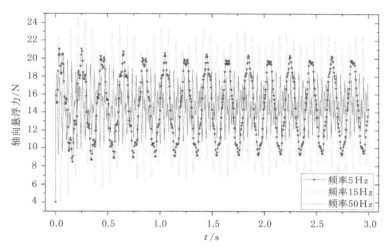

图 3-7　场冷情况下不同负载波动频率时(幅值 5N)的轴向悬浮力-时间关系

3.1.3　轴向正弦位移

　　假定径向型超导磁悬浮轴承完成场冷,永磁转子承受轴向负载作用向上移动到一定位置(以位移 $D_{isp}=3$ mm 为例)后为工作点。此时若永磁转子受到外界干扰而发生轴向正弦振动(振动原点为 $D_{isp}=3$ mm,周期 $T=1$ s,振幅为 $A=0.2$ mm),图 3-9 所示为在永磁转子轴向振动情况下,径向超导磁悬浮轴承的轴向悬浮力-位移关系以及振动位移范围内轴向悬浮力变化波形的局部放大图。可见,当永磁转子位移从 0 mm 到 3 mm 变化时,轴向悬浮力随着位移的增加而逐渐变大;在 $D_{isp}=3$ mm 时,永磁转子开始进入轴向正弦振动状态,轴向悬浮力

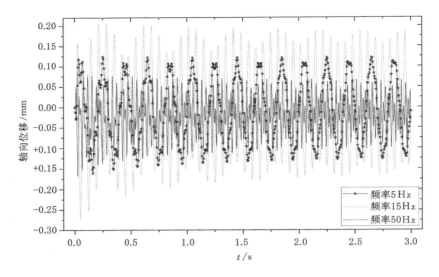

图 3-8　场冷情况下不同负载波动频率时(幅值 5N)的轴向位移-时间关系

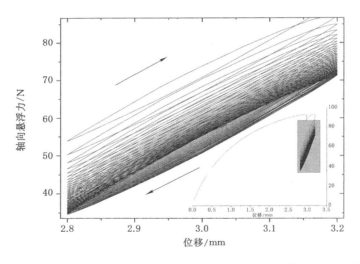

图 3-9　永磁转子轴向正弦振动($A=0.2$ mm,$T=1$ s)时的轴向悬浮力-位移关系

随着正弦规律变化的位移也呈现往复振荡。由于悬浮力-位移关系的"磁滞"特性,轴向悬浮力和位移关系表现出类似磁滞回线的特性。同时回线整体位置逐渐下降,且下降逐渐缓慢并趋于稳定。

　　为了进一步分析永磁转子振动对轴向悬浮力特性的影响规律,图 3-10 同时给出了相同情况下轴向悬浮力-时间、位移-时间和悬浮力弛豫-时间的变化情况。

其中悬浮力弛豫时对应于永磁转子位置固定在工作点即正弦振动原点处。可见,永磁转子发生轴向正弦振动时,轴向悬浮力也呈类正弦变化规律且随时间逐渐衰减。前者是因为永磁转子正弦振动规律位移的激励;后者则是因为超导体内磁通蠕动或流动引起的悬浮力弛豫。另外,永磁转子轴向振动时悬浮力的整体衰减趋势与永磁转子无振动时的悬浮力弛豫现象极为相似,只是永磁转子存在振动时的轴向悬浮力衰减程度增大很多,该结论在悬浮力的动态特性测试实验中已经得到验证[107]。

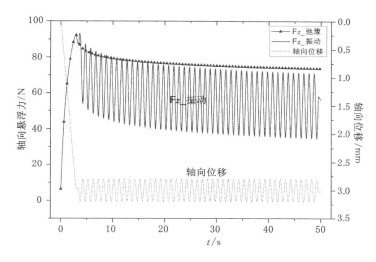

图 3-10　永磁转子轴向正弦振动($A = 0.2$ mm,$T = 1$ s)时的
轴向悬浮力、弛豫和位移-时间关系

为深入研究永磁转子发生轴向正弦振动对轴向悬浮力衰减情况的影响,建立不同轴向振动幅值 A 和振动周期 T 情况下径向型超导磁悬浮轴承悬浮力计算有限元模型,分析永磁转子轴向振动情况下轴向悬浮力的振幅特性和频率特性。

3.1.3.1　振幅特性

图 3-11 所示为当永磁转子轴向正弦振动的周期 T 为 1 s,振幅分别为 0.1 mm,0.2 mm,0.5 mm 时,轴向悬浮力随时间的变化情况。由图中可见:永磁转子发生不同振幅的轴向振动时,轴向悬浮力均呈现出类正弦的周期性变化规律,且随着振幅的增加,轴向悬浮力波动明显增强。正弦振动情况下,径向型超导磁悬浮轴承的平均刚度可按照如下公式计算

$$k = \frac{F_{max} - F_{min}}{2A} \tag{3-13}$$

式中，F_{max} 和 F_{min} 分别为某个振动周期内轴向悬浮力的最大值和最小值；A 为振动幅值。

经计算可得，当振动幅值 A 为 0.1 mm，0.2 mm，0.5 mm 时，相应情况下径向超导磁悬浮轴承的平均刚度分别为 100.18 N/mm，91.43 N/mm，73.65 N/mm。表明随着振动幅值的增加，在工作点处轴向悬浮力的平均刚度有所下降。当平均刚度越高时，超导磁悬浮轴承的动态悬浮刚度越大。这意味着超导磁悬浮轴承的自稳定性在较小的振动幅值范围内更有效。

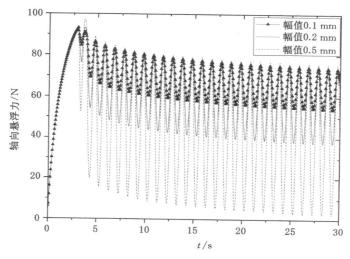

图 3-11　不同振幅情况下的轴向悬浮力-时间关系

众所周知，永磁转子在一个正弦振动周期内两次经过振动原点。为研究振动幅值 A 对永磁转子经过振动原点位置时轴向悬浮力的影响，从图 3-11 中提取 D_{isp} 为 3 mm，即振动原点处对应的轴向悬浮力数据，图 3-12 所示为当永磁转子轴向振动周期 T 为 1 s，轴向振动幅值 A 为 0.1 mm，0.2 mm，0.5 mm 情况下振动原点（$D_{isp}=3$ mm）处轴向悬浮力大小随时间的变化情况，也就是说图 3-12 中所有数据点对应的永磁转子位置均在振动原点处。

可见，与无轴向振动情况即悬浮力的自由弛豫相比，永磁转子振动时，振动原点处对应的轴向悬浮力整体衰减趋势与自由弛豫的衰减趋势类似。但振动原点处对应的轴向悬浮力衰减明显，且衰减程度随着振动幅值的增加而增大，即振动原点处悬浮力 $F_{Rel}>F_{A=0.1}>F_{A=0.2}>F_{A=0.5}$。衰减速度则与自由弛豫基本相同。另外，受永磁转子振动影响，尽管永磁转子处在相同位置，但振动原点处对应轴向悬浮力随时间变化存在一定波动，即永磁转子在一个振动周期内两次经

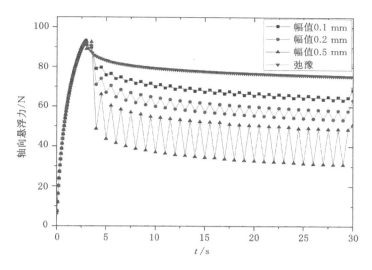

图 3-12　不同振幅情况下的振动原点处的轴向悬浮力-时间关系

过振动原点时对应的轴向悬浮力却不同,这是由悬浮力-位移关系的"磁滞"现象引起的。

3.1.3.2　频率特性

为讨论超导磁悬浮轴承轴向悬浮力的轴向振动频率特性,即永磁转子轴向振动周期(频率)对轴向悬浮力动态特性的影响规律,图 3-13 给出了当永磁转子轴向振动幅值 A 为 0.2 mm 时,不同正弦轴向振动周期(T=0.5 s,1 s,2 s)对应的轴向悬浮力-时间关系。由图中可见不同振动周期情况下,轴向悬浮力随时间的变化趋势基本一致,均呈现一定的类正弦周期性波动;且与悬浮力弛豫类似,随时间有逐渐衰减的整体趋势。采用公式(3-13)计算振动周期 T 为 0.5 s,1 s,2 s 对应的平均刚度分别为:89.49 N/mm,90.41 N/mm,91.22 N/mm。表明:即使振动幅值相同,不同振动周期时的悬浮力变化情况存在细微差别。当不同周期(频率)之间的差别较大时,更易观察到对应悬浮力变化情况之间的差别:振动周期越小(频率越高),轴向悬浮力值和平均刚度越小。

与图 3-12 类似,为了研究振动周期 T 对永磁转子在振动原点位置处轴向悬浮力的影响,从图 3-13 中提取 D_{isp} 为 3 mm 时对应的轴向悬浮力数据,图 3-14 所示为当永磁转子轴向振动幅值 A 为 0.2 mm 时,轴向振动周期 T=0.5 s,1 s,2 s 情况下振动原点处轴向悬浮力大小随时间的变化情况,也就是说图中所有数据点对应永磁转子的位置均在振动原点(D_{isp}=3 mm)处。可见,由于悬浮力-位移关系的"磁滞"现象引起振动原点处对应轴向悬浮力随时间变化存在一定波

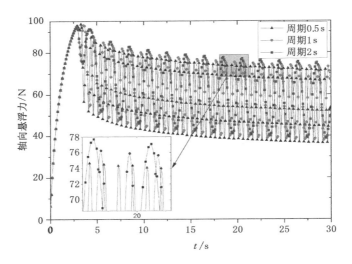

图 3-13　不同振动周期情况下的轴向悬浮力-时间关系

动。与不存在轴向振动时的悬浮力自由弛豫相比,不同振动周期情况下,振动原点处轴向悬浮力的衰减比较明显,但衰减趋势基本相同。尽管永磁转子位移处于振动原点处,随着振动频率的增加,振动原点处轴向悬浮力的衰减程度稍有增加,即振动原点处悬浮力平均值 $F_{T=0.5} < F_{T=1} < F_{T=2} < F_{Rel}$。这是因为振动频率的增加(周期的减小),导致超导体内磁滞损耗增加而引起的。

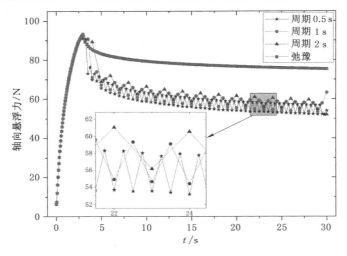

图 3-14　不同振动周期情况下振动原点处的轴向悬浮力-时间关系

3.1.4　悬浮力动态特性实验验证

　　为验证前文关于悬浮力动态振动特性的理论分析结果,本节主要开展两个方面的悬浮力动态特性测量实验:轴向悬浮力的自由弛豫实验和永磁转子轴向振动情况下的轴向悬浮力特性测量实验。其中,由于悬浮力实验测量装置限制,后者只测量了当永磁转子发生三角波形式的轴向振动时,不同振动幅值和周期情况下的轴向悬浮力-时间关系。图 3-15 给出了当永磁转子轴向移动 3 mm 后,位置固定不变时,径向超导磁悬浮轴承轴向悬浮力自由弛豫的理论仿真和实验测量结果。由于高温超导体内钉扎中心磁通涡旋的热激活引起磁通蠕动现象,导致超导电流密度随时间的对数衰减规律[108],该衰减规律可近似表达为

$$S = -\frac{\partial \log J}{\partial \log t} \approx \frac{k_B T}{U_0} \qquad (3\text{-}14)$$

式中 k_B 为 Boltzmann 常数;T 为温度;U_0 为超导体内无电流 J 流动时的钉扎势能。假定超导体电流方向不变时,超导体捕获磁场也会与电流密度一样具有对数衰减规律。图 3-15 中轴向悬浮力弛豫衰减的理论和实验结果基本吻合,一定程度上表明该建模方法用于超导磁悬浮轴承悬浮力动态特性分析的可行性。

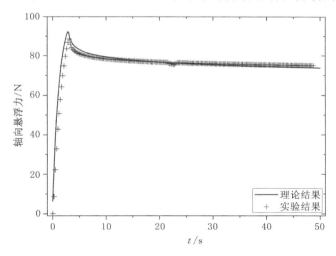

图 3-15　轴向悬浮力弛豫的理论与实验结果

　　当永磁转子以正弦波或三角波形式振动时,对超导定子而言,均相当于时变磁场作用于超导体。因而,可通过时变磁场作用下超导体捕获磁场的衰减规律,解释永磁转子振动情况下超导磁悬浮轴承的动态悬浮力特性。与恒定外场情况不同,时变外场作用下超导体表面一定透入深度范围内感应产生的屏蔽电流将重新分布,这会加速超导体捕获磁场的衰减速度。假设超导体内具有两种磁场

衰减机制:(电流再分布和磁通蠕动),根据毕奥萨伐尔定律可描述在时变外磁场作用下超导块材捕获磁场的衰减规律[109]

$$B(t) = \frac{\mu_0 J_c}{2} \left[\exp\left(-\frac{t-t_1}{\tau}\right) f_1(\lambda, \mathrm{dim}) + \left(1 - k\ln\frac{t}{t_1}\right) f_2(\lambda, \mathrm{dim}) \right]$$

$$(3-15)$$

式中 τ 为时间常数,表征交变外场作用下超导电流再分布引起磁场随时间的指数衰减规律;k 用于表征由磁通蠕动引起的电流密度对数衰减规律的系数,当 $t \gg t_1$ 时,$k = S = k_B T/U_0$;λ 是屏蔽电流的穿透深度,决定了超导体捕获磁场的总体衰减规律;$f_1(\lambda, \mathrm{dim})$ 和 $f_2(\lambda, \mathrm{dim})$ 分别为由 λ 和超导体几何形状尺寸 dim 决定的恒定值。注意参数 τ、k、λ 均与时变外场的频率和幅值相关。也就是说,时变外场作用下的超导磁悬浮力也将呈现与捕获磁场类似的复杂衰减规律,包含对数衰减规律和指数衰减规律,且受到时变外场的频率和幅值影响。

受伺服驱动器参数设置限制,实验测量中设置三角波振动周期和幅值与前文所述理论仿真不完全相同。当超导磁悬浮轴承完成场冷,永磁转子承受轴向负载向上移动 5 mm。然后设置驱动器机械手使永磁转子以三角波形式轴向振动(振动原点为 $D_{\mathrm{isp}} = 5$ mm)。图 3-16 分别给出了永磁转子轴向振动周期 T 为 1 s 时,振幅 A 为 0.25 mm 和 0.5 mm 时的轴向悬浮力-时间关系的仿真结果和实验测量结果。图 3-17 分别给出了轴向振动幅值 A 为 0.25 mm 时,振动周期 T 为 0.5 s 和 2 s 时的轴向悬浮力-时间关系的仿真结果和实验测量结果。

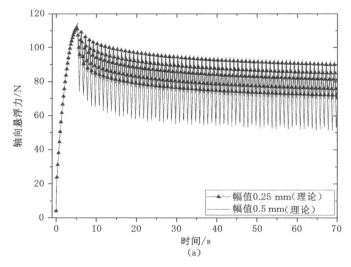

图 3-16　不同振动幅值情况下的轴向悬浮力-时间关系实验验证

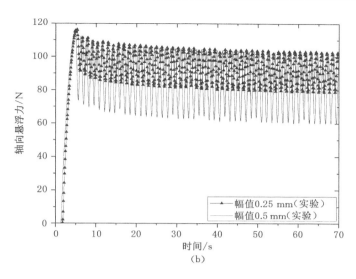

（续）图 3-16　不同振动幅值情况下的轴向悬浮力-时间关系实验验证

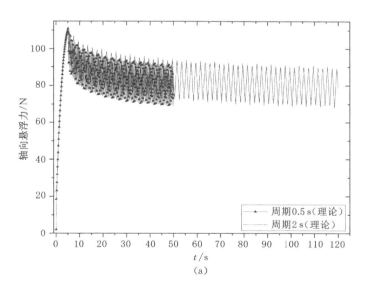

图 3-17　不同振动周期情况下的轴向悬浮力-时间关系实验测量验证

　　由图 3-16 和图 3-17 可见：当永磁转子发生不同振动周期和频率的轴向振动时，都会使悬浮力产生与三角波位移相似的波动规律，以及与悬浮力自由弛豫趋势相似的整体衰减趋势；相同振动周期情况下，振动幅值越大轴向悬浮力波动幅值越大且振动原点处轴向悬浮力的衰减程度明显增大。相同振动幅值情况

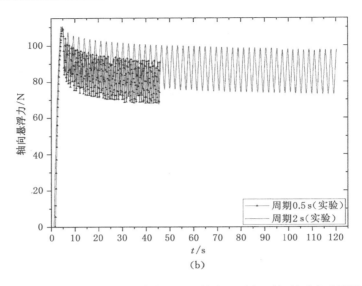

（续）图 3-17　不同振动周期情况下的轴向悬浮力-时间关系实验测量验证

下,振动周期越小悬浮力衰减程度越大。尽管理论仿真和实验测量结果存在差别,如图 3-17 所示,可以看出,关于频率特性中减小周期(增加频率)引起轴向悬浮力的衰减程度,实验测量结果要明显大于理论仿真结果。这主要是因为实验测量中频率特性引起悬浮力衰减的因素包括超导体内的磁滞损耗、聚磁铁环内的铁芯损耗和永磁体的磁滞损耗等,这些损耗都会随着振动周期的减小(频率的增加)而明显变大。而理论仿真只考虑了超导体内的磁滞损耗。尽管如此,从定性角度看,实验获得的轴向振动条件下振动周期和幅值对轴向悬浮力的影响规律与理论计算结果基本一致。

3.2　多自由度悬浮特性分析

目前,超导磁悬浮轴承的相关研究工作主要集中于其悬浮力特性的理论建模和实验测量。因此,常采用解析模型[70,71]、数值模型[63,88]或实验测量法[110,111]来获得超导磁悬浮系统的悬浮力特性,包括悬浮力弛豫特性[101,112],振动特性[113,114],优化设计[62,115]和多场耦合建模[106,116]等。尽管如此,大部分理论和实验研究工作只是分别相互独立的研究轴向悬浮力和径向悬浮力(或垂直和导向悬浮力)特性。也就是说,从刚体运动自由度的角度来看,这些研究工作主要关注超导磁悬浮轴承的单自由度悬浮特性,且多采用简化的二维计算模型,仅研究转子做单自由度运动时的悬浮力特性。然而,超导磁悬浮是一种无源自稳定的多自由度悬浮,却很少有报道开展超导磁悬浮轴承的多自由度运动悬浮力特性建模和计算工作。

通过实验测量研究发现超导磁悬浮轴承的多自由度悬浮特性相当复杂[114,117],其建模分析需要同时考虑两个方面:超导体的强非线性 E-J 关系和复杂的多自由度动力学方程。为简化多自由度悬浮特性建模,通常由解析法获得超导磁悬浮轴承的悬浮力[118,119]或将悬浮刚度近似线性化处理[120],而主要关注其复杂的多自由度动力学建模。但这种模型在考虑超导磁悬浮系统的实际特性如弛豫和磁滞特性时具有一定局限性。针对外界扰动下的超导磁悬浮系统,有学者建立了二维两自由度数值模型研究其垂直和横向动态悬浮力特性[121]。尽管涉及大量而复杂的建模工作,该模型对于超导磁悬浮轴承的多自由度建模研究具有重要参考意义。径向型超导磁悬浮轴承的悬浮现象也是一种无源自稳定的多自由悬浮。况且,考虑到加工工艺如超导定子的块材拼接影响,超导体在外磁场作用下感生了复杂的三维涡流场,进而产生了悬浮力,且不同自由度方向的悬浮力间可能存在耦合影响。因此,仍然有必要研究径向型超导磁悬浮轴承的多自由度悬浮特性建模和仿真计算。

本节主要讨论径向型超导磁悬浮轴承的多自由度悬浮特性三维建模与仿真研究。首先基于超导体的幂指数 $E-J$ 关系获得其等效电导率-电场强度关系;然后,利用软件 MagNet 的自定义材料和多自由度运动体建模功能,建立径向型超导磁悬浮轴承的多自由度运动悬浮特性三维数值计算模型并进行实验验证。模拟超导定子的块材拼接影响等实际情况,分析超导磁悬浮轴承的多自由度悬浮特性和耦合效应,包括永磁转子旋转速度、动静态偏心运动、恒速移动等对轴向悬浮力特性的影响规律。

3.2.1　多自由度三维建模

3.2.1.1　模型建立

在电磁场数值仿真计算中,当求解域中不同介质之间存在相对运动时,仿真求解会非常困难,不仅要计算瞬态电磁场,还要考虑不同时刻由于介质位移对电磁场产生的影响,以及运动本身切割磁力线产生的感生电势。更重要的是介质间的相对运动使得有限元网格剖分需要随之改变,介质在求解域中所处位置的变化导致数值计算的不稳定,难以得出正确的结果。这个问题在三维多自由度运动体的电磁场数值计算中表现得更为突出。实际在超导磁悬浮轴承的支撑作用下,转子在多个自由度方向上具有一定自稳定悬浮能力且不同自由度间可能存在耦合影响。因此,在同时考虑复杂多自由度运动和强非线性本构关系的条件下,很难建立超导磁悬浮轴承的多自由度运动电磁场仿真模型。

MagNet 是一款广为采用的商业电磁场数值计算软件包。该软件可以非常方便地解决复杂移动网格设置和多自由度电磁场问题的求解，其三维瞬态运动求解器基于 $T\text{-}\omega$ 方程进行电磁场数值计算。根据 $J=\nabla\times T$ 定义电流矢量位 T，然后麦克斯韦方程

$$\nabla\times H = J + \frac{\partial D}{\partial t} \tag{3-16}$$

$$\nabla\times E = -\frac{\partial B}{\partial t} = -\mu\frac{\partial H}{\partial t} \tag{3-17}$$

可以写成以电流矢量位 T 和标量磁位 ω 为状态变量的方程

$$\begin{cases} \nabla^2\omega = 0 \\ \nabla\times\rho(J)\,\nabla\times T = -\mu\dfrac{\partial}{\partial t}(T-\nabla\omega) \end{cases} \tag{3-18}$$

根据不同求解域的材料本构关系确定其电阻率与电流密度之间的函数关系 $\rho(J)$。针对超导体强非线性 $E\text{-}J$ 关系，假设超导体具有各向同性的临界电流密度，并忽略温度和磁场对临界电流密度的影响。采用 Power-Law $E\text{-}J$ 关系计算超导体的宏观电磁特性

$$E = E_c\left(\frac{|J|}{J_c}\right)^n\frac{J}{|J|} \tag{3-19}$$

结合电场强度 E 和电流密度 J 的本构关系，可以导出超导体等效电导率和电场强度的关系

$$\sigma = J_c E_c^{-\frac{1}{n}}\,|E|^{\frac{1}{n}-1} \tag{3-20}$$

式中 $E_c=0.0001\ \text{V/m}$；$n=21$；$J_c=6.5\times10^7\ \text{A/m}^2$。超导体等效电导率 σ 与电场强度 E 的关系如图 3-18 所示。可见 $\sigma\text{-}E$ 关系具有极强的非线性性，通过局部放大可以看出超导体等效电导率在临界电场附近的变化情况。另外，由于超导体的下临界磁场 B_{c1} 相对外界磁场较小，可近似认为超导体的磁导率为真空磁导率。通过软件自定义材料电导率的功能添加超导材料，并按照常规方法设置永磁体区域的电导率和磁导率。

采用软件 MagNet 建立径向超导磁悬浮轴承的三维电磁数值计算模型如图 3-19（a）所示，由于超导定子由若干瓦片状超导块材拼接而成，相邻超导块材之间存在低温胶的占用空间。该三维模型考虑块材拼接效应的非连续影响，设置不同瓦片状超导块材间隙为 0.1 mm。图 3-19（b）所示为相应三维有限元网格剖分结果。一旦求解出各个场量，采用洛伦兹公式可实现超导磁悬浮轴承的轴、径向悬浮力仿真计算。

$$F = \int_V J_{SC}\times B_{PM}\,\mathrm{d}V \tag{3-21}$$

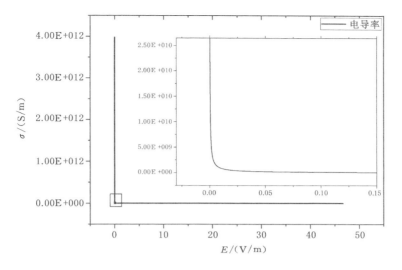

图 3-18 高温超导体非线性电导率的 σE 关系

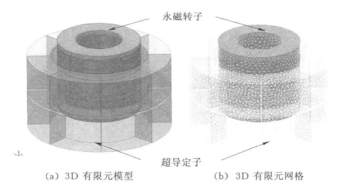

(a) 3D 有限元模型　　　　　　　(b) 3D 有限元网格

图 3-19 径向超导磁悬浮轴承的三维有限元模型

3.2.1.2 模型验证

场冷情况下,永磁转子初始位置对应超导定子中心,然后以 1 mm/s 的速度沿着轴向方向向上移动 10 mm,再返回初始位置。零场冷情况下,永磁转子初始位置位于超导定子中心上方 66 mm 处,然后以 1 mm/s 的速度沿着轴向方向向上移动 66 mm,再返回初始位置。分别进行场冷和零场冷情况下轴向悬浮力的仿真计算和测量实验,图 3-20 所示为场冷情况下永磁转子在轴向往返过程中位移为 1 mm,5 mm,10 mm,5 mm,1 mm 时超导定子内感应电流密度三维分布的计算结果。图 3-21 和 3-22 所示分别为场冷和零场冷情况下轴向悬浮力-位移关系的理论计算与实验测量结果的对比情况。

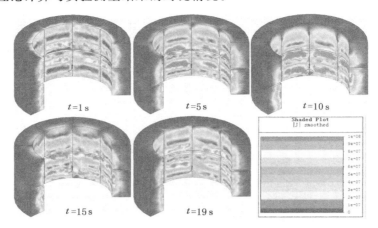

图 3-20   场冷情况下永磁转子轴向移动时超导定子内感应电流密度三维分布

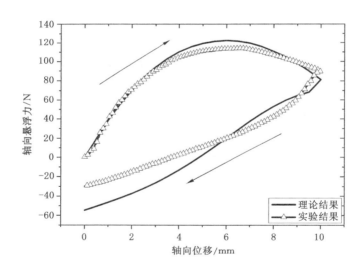

图 3-21   场冷情况下轴向悬浮力-位移关系的理论与实验结果

从图 3-20 可以看出:在永磁转子相对超导定子轴向移动的一定位移范围内,超导定子内部感应电流密度的透入深度逐渐增加以阻碍逐渐靠近的永磁转子以及增强的励磁磁场。图 3-21 和图 3-22 表明轴向悬浮力的三维有限元理论计算与实验测量结果存在一定的误差,比如在场冷情况下往程中最大悬浮力值和返程中悬浮力大小;零场冷情况下位移在 28 mm 到 50 mm 范围内的悬浮力

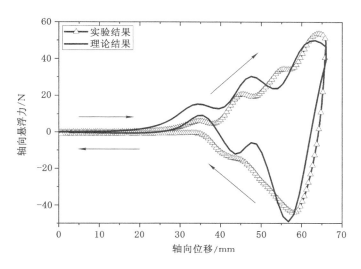

图 3-22　零场冷情况下轴向悬浮力-位移的理论与实验结果

大小。原因可能是忽略了超导块材临界电流密度的各向异性,以及外磁场对临界电流密度的影响;该方法在定量计算轴向悬浮力-位移关系的"磁滞"效应时存在较大误差,仍须进一步改进。

　　假定初始状态为定转子同心、场冷条件。当永磁转子沿径向发生偏心,如沿着 x 轴正方向以 1 mm/s 的速度偏移 1.4 mm,然后返回初始位置。图 3-23 所示为永磁转子往返偏心运动过程中,径向悬浮力-位移关系的计算结果与测量结果的对比情况。可见,① 永磁转子偏离超导定子中心的往程过程中,径向悬浮力的大小随着偏心位移的增加而增大;② 在永磁转子返回超导定子中心位置处的返程过程中,径向悬浮力的大小随着偏心位移的减少而减小。在永磁转子往返过程中,径向悬浮力与径向位移呈正相关关系,且表现出"磁滞"特性。尽管在往返过程中位移为 1.2~1.4 mm 范围内径向悬浮力的计算结果与实验测量结果存在一定误差,二者在径向悬浮力-位移关系的整体变化趋势方面基本吻合。

　　综上所述,考虑超导定子块材拼接影响,径向高温超导磁悬浮轴承的三维有限元数值模型获得的轴、径向悬浮力的理论计算结果与实验测量结果在整体变化趋势方面具有较好的一致性,该建模方法可以作为径向型超导磁悬浮轴承悬浮特性的理论计算工具。

3.2.2　两自由度悬浮特性

　　与同类电磁场仿真软件相比,MagNet 拥有独特的多自由度运动电磁场求解能力,其 3D 瞬态运动求解器可以模拟磁悬浮的复杂运动状况,包括沿着 3 个

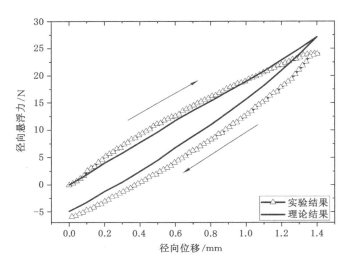

图 3-23　场冷时径向悬浮力-位移关系的理论与实验结果

轴线的直线运动和绕 3 个轴线的旋转运动，共 6 个运动自由度。本书将采用该软件仿真研究场冷情况下径向型超导磁悬浮轴承的永磁转子多自由度运动悬浮特性，并考虑一些实际工况如超导定子的块材拼接效应、块材损坏或永磁体磁化不均匀等的影响。

　　以下介绍采用软件 MagNet 的多运动体和多自由度建模功能，建立径向超导磁悬浮轴承的两自由度悬浮运动三维有限元仿真模型。设置永磁转子具有两个自由度的运动体 Motion Z 和 Motion φ，分别为沿 z 轴的直线运动和绕 z 轴的旋转运动，如图 3-24(a) 所示。研究三种情况下永磁转子旋转速度对轴向悬浮力的影响：CASE 1 为正常情况；CASE 2 为超导块材特性恶化，假设构成超导定子的 16 块超导块材的其中一块出现损坏，仿真中设置该超导块的电导率与铜电导率相同；CASE 3 为永磁体不均匀磁化情况，仿真中设置一个永磁环在 60° 圆周角的扇形范围内，其磁化强度减小为 500 kA/m。

　　指定永磁转子以恒定转速 n 绕 z 轴旋转并以 1 mm/s 的速度沿 z 轴方向直线运动。通过两自由度运动的三维数值建模仿真，获得三种不同情况下，当永磁转子静止(0 r/min)与高速旋转(10 000 r/min)时的轴向悬浮力-位移关系，如图 3-25 所示。可见，超导块材损坏以及永磁体不均匀磁化都会导致轴向悬浮力的减小；然而永磁转子静止与高速旋转时的轴向悬浮力-位移关系却基本无区别，即一般情况下，永磁转子旋转速度对径向超导磁悬浮轴承的轴向悬浮力基本无影响。

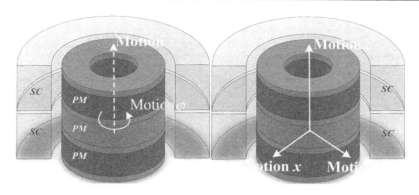

图 3-24　永磁转子的多自由度运动

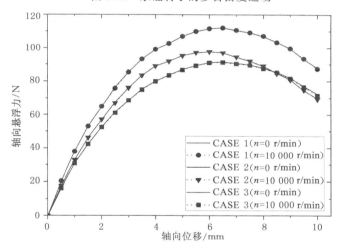

图 3-25　三种情况下永磁转子转速对轴向悬浮力的影响

3.2.3　三自由度悬浮特性

建立永磁转子三自由度悬浮运动时径向超导磁悬浮轴承的三维有限元仿真模型。设置永磁转子具有 3 个自由度的运动体 Motion X、Motion Y 和 Motion Z，如图 3-24(b)所示分别为沿着 X 轴、Y 轴和 Z 轴的直线运动。运动体 Motion X、Motion Y 和 Motion Z 的悬浮力(位移或速度)分别对应于三自由度运动时永磁转子的悬浮力(位移或速度)的 X 轴、Y 轴和 Z 轴分量。例如，Motion Z 的位移和速度分别表征了永磁转子的垂直悬浮高度和垂直漂移速度。类似的，运动体 Motion X、Motion Y 的位移或速度分别表征了永磁转子的水平位移和水平漂移速度。总体来讲，三个运动体 Motion X、Motion Y 和 Motion Z 的位移可以表征永磁转子在三维空间的相对位移，也就是其运动轨迹。

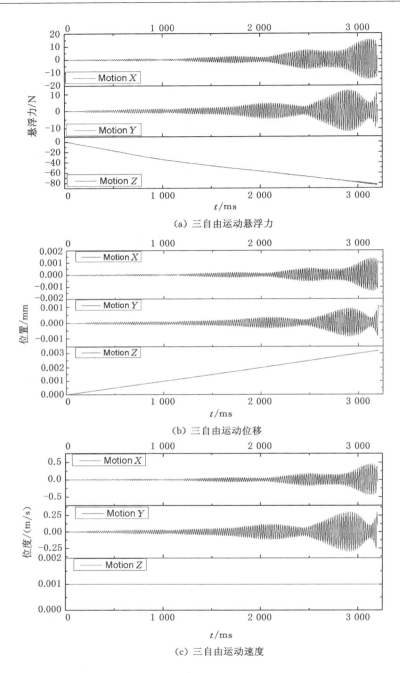

（a）三自由运动悬浮力

（b）三自由运动位移

（c）三自由运动速度

图 3-26　永磁转子恒速位移情况下三自由度运动仿真结果

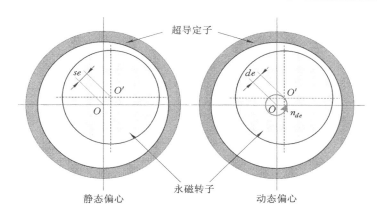

静态偏心　　　　　　　　永磁转子　　　　　　动态偏心

图 3-27　永磁转子的偏心状态示意图

假设永磁转子受到外界恒定速度驱动,以 1 mm/s 的速度沿 Z 轴方向做直线运动,通过多自由度三维数值仿真结果可以获得当永磁转子沿 Z 轴恒速运动时,永磁转子三自由度悬浮力、位移和速度随时间的变化情况,分别如图 3-26 所示。

可以发现,多自由度三维有限元仿真结果呈现出复杂的三自由度运动特性,并非如忽略超导定子块材拼接效应的二维有限元模型仿真结果那样只存在电流密度 J_φ 和轴向悬浮力 F_z。当永磁转子在一定轴向位移范围内,除了悬浮力轴向分量随着位移的增加而逐渐变大,同时还存在着整体呈现逐渐增大趋势的悬浮力 X 轴和 Y 轴分量。这主要因为考虑了超导定子块材拼接影响的三维有限元建模,精确计算了超导定子内部复杂的三维感应电流分布。另外,永磁转子的悬浮力、位移和速度的 X 轴和 Y 轴分量都存在周期性波动,且波动幅值具有被称作"海豚效应"的低频振荡特征,是典型的磁悬浮振动现象。波动幅值呈现随时间而增加的整体趋势,这是因为当永磁转子在一定范围内轴向移动时,超导定子感受到的励磁磁场强度及其梯度逐渐增强。值得注意的一个现象是:由于不同自由度间的耦合效应影响,悬浮力的 X 轴和 Y 轴分量的"海豚效应"使得 Z 轴分量也产生了类似的波动特征。也就是说,尽管永磁转子匀速运动情况下,即位移 Z 轴分量呈线性变化,但悬浮力的 Z 轴分量却非单调变化,而且存在与 X 轴和 Y 轴分量类似的波动。同时,Z 轴分量的波动幅值也随时间呈现逐渐增加的整体趋势。

3.2.4　转子偏心效应

实际运行时径向型超导磁悬浮轴承的永磁转子常出现偏心状态,图 3-27 所示为两种常见的偏心状态即静态偏心和动态偏心。发生静态偏心与动态偏心时,永磁转子的几何中心均偏离超导定子几何中心一定距离,分别记为静态偏心

距 se 和动态偏心距 de。二者区别在于静态偏心时永磁转子的旋转轴固定于其几何中心;而动态偏心时,永磁转子的旋转轴则以一定转速围绕超导定子中心旋转,记为动态偏心转速 n_{de}。本节将主要研究永磁转子的静态偏心和动态偏心运动对径向超导磁悬浮轴承轴向悬浮力的影响规律。

3.2.4.1 静态偏心

当径向型超导磁悬浮轴承的永磁转子发生静态偏心时,分别建立静态偏心距 se 为 0 mm,0.5 mm,1 mm 和 2 mm 时的三维有限元模型进行数值仿真。不同静态偏心距情况下的轴向悬浮力-位移关系如图 3-28 所示。可以看出,轴向悬浮力随着静态偏心距 se 的增加而逐渐变大。这主要是因为静态偏心状态下,根据永磁转子和超导定子间隙厚度变化趋势可将其分为两部分:沿着偏心方向一侧的气隙磁场迅速增强;背离偏心方向一侧的气隙磁场则迅速减弱。随着偏心位移的增加,由于气隙磁场随间隙厚度的指数变化规律,使得气隙减小侧的磁场增加量要大于气隙增大侧的磁场减小量。另外,由于高温超导体在场冷条件下的磁通钉扎效应,使得气隙减小一侧钉扎力增加幅度要大于气隙增大一侧的钉扎力减小幅度。如此使得合成的轴向悬浮力呈现随着静态偏心距的增加而变大的趋势。

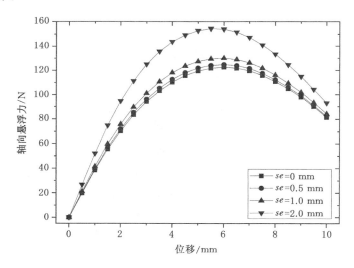

图 3-28 永磁转子静态偏心情况下的轴向悬浮力-位移关系

3.2.4.2 动态偏心

当径向型超导磁悬浮轴承的永磁转子发生动态偏心时,分别建立不同动态偏心距 de(0 mm,0.1 mm,0.5 mm 和 1 mm)和不同动态偏心转速 n_{de}(0 r/min,

100 r/min，1 000 r/min 和 3 000 r/min)的多自由度三维有限元模型进行数值仿真。由于前文的两自由度仿真结果发现永磁转子自转转速对轴向悬浮力基本没有影响，此处动态偏心转速为永磁转子绕定子中心轴的公转转速，并非绕转子中心的自转转速。仿真设置永磁转子具有 3 个自由度的运动体，分别为沿着 X 轴、Y 轴、Z 轴的直线运动。令永磁转子以 1 mm/s 的速度沿 Z 轴方向直线运动 10 mm。为表征永磁转子不同动态偏心距 de 和偏心转速 n_{de} 的动态偏心运动，沿 X 轴和 Y 轴直线运动可以定义为如下位移-时间关系

$$\begin{cases} X = de \cdot \cos(\omega t) \\ Y = de \cdot \sin(\omega t) \end{cases} \tag{3-22}$$

式中，X 和 Y 分别为永磁转子沿 X 轴和 Y 轴的位移；$\omega = 2\pi n_{de}/60$ 为位移变化的角频率，de 为动态偏心距，n_{de} 为动态偏心转速。

当径向超导磁悬浮轴承的动态偏心转速 n_{de} 恒定为 1 000 r/min 时，永磁转子发生不同偏心距 de 的动态偏心情况下轴向悬浮力-位移关系如图 3-29(a)所示。可以发现：轴向悬浮力平均值随着动态偏心距增加的并无太大变化。但是轴向悬浮力存在周期性波动，该波动幅值随着动态偏心距的增加而明显变大；波动周期正好等于动态偏心周期 T 即

$$T = 60/n_{de} \tag{3-23}$$

当径向超导磁悬浮轴承的动态偏心距 de 恒定为 0.5 mm 时，永磁转子发生不同偏心转速 n_{de} 的动态偏心情况下轴向悬浮力-位移关系如图 3-29(b)所示。可以看到：相对于动态偏心转速为 0 r/min 即静态偏心，存在不同偏心转速的动态偏心时轴向悬浮力有所减小且减小量基本相同。但不同动态偏心转速使得轴向悬浮力-位移关系存在等幅值的周期性波动，波动幅值由动态偏心距(0.5 mm)决定，波动周期则随着动态偏心转速的增加而减小。

3.3　本 章 小 结

本章主要开展了径向型高温超导磁悬浮轴承的动态悬浮力特性研究，包括振动情况下的轴向悬浮力动态特性分析、径向超导磁悬浮轴承多自由度三维数值建模和永磁转子多自由度运动时的动态悬浮力特性。

当永磁转子承受轴向恒定负载，轴向悬浮力和永磁转子的轴向位移随时间变化规律十分相似，二者均存在类正弦波动：波动周期基本不随时间变化，受到系统阻尼作用，波动幅值则随时间逐渐衰减而趋于稳定值。① 随着轴向恒定负载的增加，轴向悬浮力和位移的波动幅值明显变大且轴向悬浮力的平均值对应相应的轴向恒定负载大小；永磁转子的工作点相对初始场冷位置会发生更大的

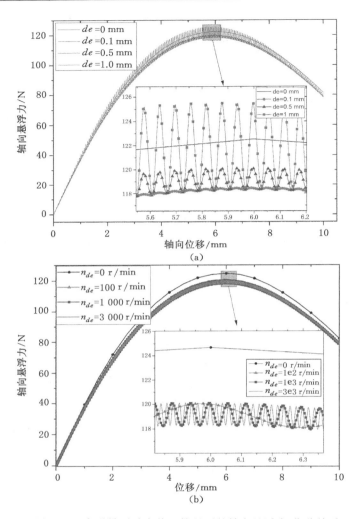

图 3-29　永磁转子动态偏心情况下的轴向悬浮力-位移关系

偏移。② 随着永磁转子初始速度的增加,轴向悬浮力和位移的波动幅值明显变大,但轴向悬浮力的平均值相同,均为相应的轴向恒定负载;永磁转子轴向位移的平均值逐渐变大,表明永磁转子的工作点受轴向负载初始速度大小影响而发生不同程度的偏移。

当永磁转子承受不同幅值正弦变化的轴向负载时,进入稳态后的轴向悬浮力和轴向位移的波动幅值仍然存在较低频的波动,且该幅值随着负载波动幅值的增加而显著变大。当永磁转子承受不同频率正弦变化的轴向负载时,轴向悬浮力和轴向位移随时间呈现出较复杂的波动规律,因为系统的固有阻尼频率与轴向正弦负载频率叠加效应,导致轴向悬浮力和位移随时间的变化包含一些谐波。

当永磁转子发生不同振幅和周期的轴向振动时,轴向悬浮力会产生与振动位移变化规律相似的波动规律,同时整体衰减趋势与悬浮力自由弛豫趋势相似,但衰减程度与振动周期和幅值相关。随着振动幅值的增加,悬浮力的平均刚度有减小趋势;振动原点处对应悬浮力的衰减非常明显,且衰减的程度逐渐变大。随着振动频率的增加,悬浮力的衰减程度略有增加,平均刚度逐渐减小,且振动原点处对应的悬浮力衰减程度稍有增加。通过实验测量永磁转子发生(不同幅值和频率)三角波形式轴向振动时的悬浮力变化情况,验证了所得永磁转子轴向振动时的动态悬浮力特性。

基于超导体的 Power-Law E-J 关系获得超导体等效电导率和电场强度关系,采用软件 MagNet 自定义超导体的非线性电导率,建立径向型超导磁悬浮轴承的三维电磁场数值计算模型,仿真研究其多自由度运动悬浮特性。① 两自由度悬浮特性。即使考虑超导定子块材拼接效应、超导块材损坏和永磁体磁化强度不均匀等因素,永磁转子的转速对轴向悬浮力-位移关系基本无影响;② 三自由度悬浮特性。当永磁转子受外界轴向恒速位移驱动条件下,除了 Z 轴分量外,永磁转子的悬浮力、位移和速度的 X 轴、Y 轴分量都存在较高频周期性波动和较低频振荡,即磁悬浮振动现象的典型特征"海豚效应"。且由于不同自由度间的耦合效应,尽管永磁转子沿 Z 轴位移线性变化,悬浮力的 X、Y 轴分量的"海豚效应"使得 Z 轴分量也产生了波动特征,而非单调变化。③ 永磁转子静态、动态偏心条件下,轴向悬浮力随着静态偏心位移的增加而逐渐变大;轴向悬浮力平均值随着动态偏心距和动态偏心转速的并无明显变化。只是转子动态偏心条件下的轴向悬浮力存在周期性波动:动态偏心转速越大,该波动的周期越小;动态偏心距越大,则该波动幅值越大。

第4章 低温泵用径向超导磁悬浮轴承的优化设计

在对径向型超导磁悬浮轴承的悬浮力计算建模和动态悬浮特性分析基础上,本章主要讨论超导磁悬浮轴承的优化设计问题。首先,分析径向超导磁悬浮轴承的轴向端部效应影响;然后,讨论新型定转子结构径向超导磁悬浮轴承的轴向悬浮力特性,包括带铜保护层的超导定子、Halbach 阵列永磁转子和楔形聚磁环永磁转子结构;然后对超导磁悬浮低温潜液泵用径向超导磁悬浮轴承的关键电磁结构参数进行优化。

4.1 端部效应分析

一个在超导块多面作用的悬浮系统中,有学者提出利用径向高温超导磁悬浮轴承超导定子的三个表面:内表面、上表面和下表面,分别与永磁体作用以获得更大的悬浮力[122]。实际上,即使没有上、下两个表面对应的永磁体,只有左侧的永磁体作用时,右侧超导体上、下两个表面也会与外场作用而产生感应涡流分布,这种涡流分布于上下两个端面一定的透入深度层内,如图 4-1(a)所示。图 4-1所示为超导体轴向无限长时感应涡流主要分布于内表面一定透入深度层内,超导体轴向几何尺寸有限引起电流密度、磁场分布和电磁力等物理量的变化,称之为端部效应。

为了方便超导磁悬浮系统的建模与仿真计算,通常会采用理想化假设的前提,如认为超导体和永磁轨道无限长而忽略端部效应,研究系统结构参数对导向力特性的影响[123]。涉及端部效应的相关文献却很少,如文献[123,124]忽略永磁轨道的端部效应而提出一种解析方法计算高温超导-永磁磁悬浮列车悬浮力和磁场分布。文献[125]在对垂直磁场中有限厚度的超导体和超导平板的研究中,提到考虑端部效应的修正系数表征超导体厚度对磁通密度分布的影响。文献[76]认为采用二维模型代替三维模型仿真直线超导磁悬浮轴承时,考虑端部效应时应适当减小超导块轴向长度使得悬浮力的二维仿真与三维仿真结果一致。文献[82]研究了径向高温超导轴承径向刚度的测量和计算方法,理论上超导块间相互作用可以忽略,所有块材的径向刚度之和等于整个轴承的径向刚度。但有时需考虑永磁体两个端部磁场弱于中间磁场,即两个端部区域的刚度要小于中间部分刚度,所以整个径向高温超导轴承的刚度要考虑端部效应并进相应的修正。文献[126]则主要分析由若干小块代替大块超导块材对悬浮力和导向力的影响,其中包含着若干分块的端部效应影响。文献[127,128]提到转子磁体或超导体非无限长时,二者相互作用会受到边缘和几何效应的强烈影响,但并未针对该影响开展深入的研究。

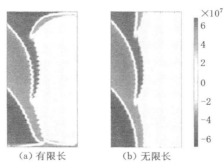

　　　(a) 有限长　　　　　(b) 无限长

图 4-1　外磁场作用下的 2D 超导块相同区域内电流密度分布

　　径向高温超导磁悬浮轴承可以看作为一个圆筒直线电机,类似于分析圆筒直线电机的端部效应对推力的影响,径向高温超导磁悬浮轴承的端部效应对轴向悬浮力的影响也应该予以考虑。由于径向超导磁悬浮轴承呈二维轴对称结构,在圆周方向为闭合结构而无端部。因此,本节采用前文所提出的超导磁悬浮轴承建模方法对轴承定、转子轴向长度有限引起的端部效应进行仿真计算,总结超导定子和永磁转子端部效应对磁场分布、超导电流密度和轴向悬浮力的影响规律。

4.1.1　超导定子的端部效应

　　根据有限长超导体内电流密度分布情况可知,除了超导体靠近气隙侧表面一定穿透深度内的感应电流外,在超导体轴向端面一定穿透深度内部也存在感应电流,其对悬浮力的影响值得分析,即超导体有限长引起的端部效应对悬浮力的影响。假设永磁转子具有如图 4-2 所示的相同结构,分别建立四个具有不同超导定子的仿真模型:CASE 1 为轴向无限长的超导定子;CASE 2 由单个超导环构成的超导定子;CASE 3 由两个超导环构成的超导定子;CASE 4 由三个超导环构成的超导定子长度。所有模型的超导环具有相同的径向宽度且 CASE

2,3,4 保持超导环的轴向长度之和相等。仿真研究不同超导定子结构引起的端部效应对超导磁悬浮轴承电流密度和轴向悬浮力的影响情况。

图 4-2 所示为场冷情况下,四种不同超导定子结构的超导磁悬浮轴承在从初始位置轴向移动 10 mm 后再返回到初始位置时的感应电流密度分布情况。可见:对于 CASE 1 无限长超导体内部,除了与永磁转子相对应的轴向范围内存在感应超导电流,向该范围轴向两端延伸一定距离范围内也存在感应超导电流。对 CASE 2、CASE 3 和 CASE 4,超导定子与永磁转子相等的轴向有限长度以及轴向分块,都因为存在端部开断而不同程度地减小了有效超导体面积,并削弱产生的悬浮力。

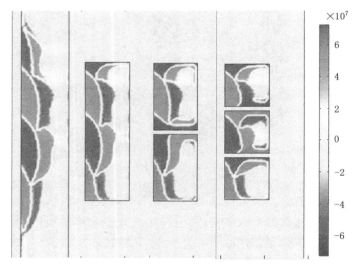

图 4-2 4 种具有不同超导定子的电流密度分布情况

图 4-3 所示为场冷情况下,四种不同超导定子的超导磁悬浮轴承在从初始位置移动 10 mm 后再返回初始位置的过程中轴向悬浮力-位移关系。通过 CASE 1 和 CASE 2 的对比,发现无限长超导体对应的轴向悬浮力最大值为 124.8 N,而覆盖永磁转子长度的单块超导体悬浮力最大值较小,约为 116.6 N。表明超导体有限长引起的端部效应会减小轴承的悬浮力。通过 CASE 2,3 和 4 的对比,构成超导定子的超导分块数量从单块、2 块到 3 块,轴承所达到的最大悬浮力值分别为 116.6 N、110 N、107.1 N,呈逐渐下降趋势。说明超导定子的轴向超导分块数量会直接影响悬浮力的产生,分块数量越多,存在的端部个数越大,其端部效应导致悬浮力的下降程度就越大。也验证了文献[126]所得结论:单块超导体覆盖整个永磁轨道具有最大的悬浮力,若由若干小块代替整体悬浮力会下降。由于目前难以制

备较大尺寸的 YBCO 超导块材,多数磁悬浮装置的较大超导体(如磁悬浮列车等)必须采用若干小尺寸超导块材拼接而成,这就限制了系统悬浮能力的提高。因此,可以考虑采用由足够数量超导带材构成的大尺寸堆叠来替代超导块材用于磁悬浮系统,可以获得较大的超导感应电流环和悬浮力。

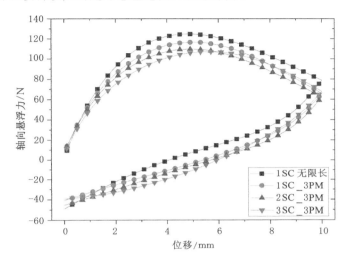

图 4-3　4 种不同超导定子时的轴向悬浮力-位移关系

4.1.2　永磁转子的端部效应

径向型超导磁悬浮轴承的轴向悬浮力大小和变化规律与磁通密度轴向变化梯度和幅值大小密切相关[129],因而对永磁转子磁场的研究至关重要,其中包括永磁转子轴向有限长引起的端部效应及其对永磁转子磁场和轴承悬浮力的影响。分别建立 4 个具有相同结构尺寸超导定子(如图 2-1 所示由两层超导环轴向叠加)、不同长度(极数)的永磁转子(CASE 1 为 3 层永磁环、CASE 2 为 5 层永磁环、CASE 3 为 7 层永磁环、CASE 4 为 13 层永磁环以远大于超导定子的轴向尺寸模拟轴向无限长的永磁转子)的超导磁悬浮轴承二维轴对称有限元仿真模型,分析永磁转子端部效应对超导磁悬浮轴承气隙磁场分布和轴向悬浮力的影响。

如图 4-4 所示 4 种不同轴向长度永磁转子产生的磁通密度径向分量 B_r 分布。可见 4 种不同长度的永磁转子产生的磁通密度径向分量 B_r 在与超导定子相对应的中间部分区域基本一致,然而在两个端部区域 4 种不同长度永磁转子产生的 B_r 则有明显区别。图 4-5 所示分别为 4 种不同长度永磁转子在左、右两个端部区域的磁场径向分量。可见左右两个端部区域的 B_r 幅值由大到小分别对应于为:5 层永磁转子、无限长永磁转子、7 层永磁转子和 3 层永磁转子。表明随着永磁转子长度的增加,其端部区域磁通密度径向分量先增大后减小,且最终趋近于无限长永磁转子的正常周期性分布,因为适当大于超导定子轴向长度的永磁转子会增加端部区域的磁通密度径向分量。

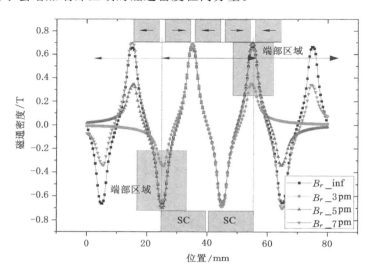

图 4-4　4 种不同长度永磁转子磁场径向分量

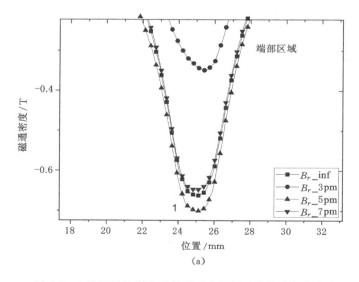

（a）

图 4-5　4 种不同长度永磁转子两个端部区域的磁场径向分量

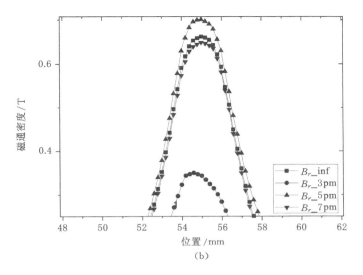

(b)

（续）图 4-5　4 种不同长度永磁转子两个端部区域的磁场径向分量

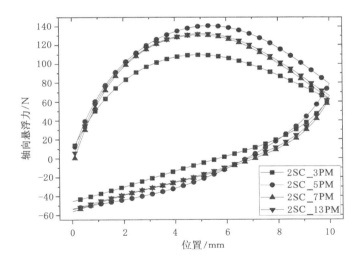

图 4-6　场冷条件下 4 种不同永磁转子的悬浮力-位移关系（初始位置 $z=6$ mm）

　　图 4-6 给出了场冷条件下,4 种不同长度永磁转子的轴向悬浮力-位移关系。尽管 4 种情况下轴向悬浮力随位移的变化规律基本一致,但获得的最大悬浮力值有所不同,由大到小分别为:5 层永磁转子(140.8 N)、无限长永磁转子(132.1 N)、7 层永磁转子(130.8 N)和 3 层永磁转子(110 N)。这与前文分析所得端部区域磁通密度径向分量大小的规律一致。随着永磁转子长度的增加,轴向悬浮

力有先增大后减小的趋势,且最终趋近于永磁转子无限长时的轴向悬浮力值。当永磁转子相对超导定子沿 Z 轴方向移动时,除了超导定子与永磁转子磁场耦合对应的正常区会产生大部分悬浮力以外,两个端部区的磁场作用于超导定子也会对悬浮力产生一定影响,包括左端区域磁场进入正常区和右端区磁场退出正常区。所以,4 种不同长度永磁体转子的端部效应引起了最终所获轴向悬浮力大小的不同,且与端部区域磁通密度径向分量幅值的大小规律一致。此外,由图 4-6 可见永磁转子长度有限引起的端部效应对悬浮力的影响较大,5 层永磁转子(140.8 N)比 3 层永磁转子(110 N)提高超过 20%。在空间和成本允许的情况下,实际应用中超导磁悬浮轴承永磁转子长度不仅考虑到与超导定子耦合轴向长度,还应该适当的加长,以通过端部效应增加端部磁通密度径向分量,进一步提高所获悬浮力的大小。

4.2 新型定转子结构对悬浮力的影响

4.2.1 超导定子铜保护层

从超导定子结构来看,由于超导块材质较脆,且易受潮湿空气中水分的影响,通常为了保护超导块,在超导定子外包裹保护层。众所周知,作为常用导体材料,铜与超导体具有类似的涡流阻尼和电动悬浮性质,可用定子或转子铜套来作为超导磁悬浮轴承系统的辅助轴承,以增加系统的阻尼,提高稳定性。因此,有必要研究铜保护层对径向式超导磁悬浮轴承悬浮力的影响。采用 COMSOL 建立定子带铜保护层的径向式超导磁悬浮轴承的数值计算模型,仿真研究不同厚度铜保护层和不同永磁转子轴向移动速度对径向式超导磁悬浮轴承轴向悬浮力的影响。由于整个超导定子都浸泡于液氮中,仿真中设置铜的电导率为 77 K 时所对应的电导率(约为常温时电导率的 8 倍),并保持超导定子与永磁转子间气隙厚度不变。如图 4-7(a)所示为不同厚度铜保护层和不同永磁转子轴向移动速度情况下,带铜保护层的径向式超导磁悬浮轴承的轴向悬浮力-位移关系。可见,当永磁转子轴向移动速度为 1 mm/s 时,带铜保护层的径向式超导磁悬浮轴承的轴向悬浮力并未增加。只有当永磁转子轴向移动速度较大时,如 1 m/s,带铜保护层的径向式超导磁悬浮轴承的轴向悬浮力均随着铜层厚度的增加而明显增加。这主要是因为在原有气隙空间中增加了具有良好导电性的铜层产生了一定的电动悬浮力或阻尼力。当然铜层厚度不可取过大值,一方面是由于气隙尺寸限制,铜层厚度太大会造成定转子实际工作气隙过小而容易发生扫膛和碰撞;另一方面,铜层过厚会使铜层内感应涡流场对永磁转子励磁磁场产生一定的屏蔽作用,从而削弱实际作用于超导定子的磁场,导致悬浮力下降。

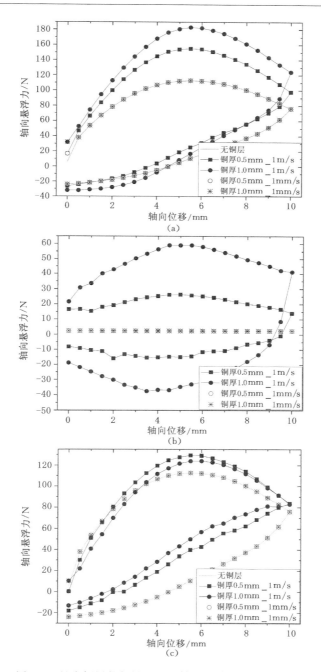

图 4-7　具有铜层的超导磁悬浮轴承的轴向悬浮力-位移关系

另外，与无铜保护层时相比，当永磁转子轴向移动速度由 1 mm/s 增加为 1 m/s 时，无论铜层厚度大小，带铜保护层的径向式超导磁悬浮轴承的轴向悬浮力明显增大；这是因为以 1 mm/s 速度移动的永磁转子磁场近似为静态或准静态场[130, 131]，此时，无论铜层厚度大小，铜保护层均不产生电磁力作用，如图 4-7 (b)所示不同情况下由铜保护层产生的轴向悬浮力-位移关系对比。只有当永磁转子轴向移动速度较大时，如 1 m/s，此时瞬态变化磁场作用下，单独超导定子和单独铜保护层产生的轴向悬浮力均获得较大的提高，如图 4-7(b)和(c)所示。

总的来讲，在超导定子外表面包裹铜保护层具有一定实用价值。在静态或准静态场情况下，可以保护超导块材不被碰撞损坏，增加超导定子的机械强度。在瞬态场情况下，如永磁转子轴向振动和偏心时，铜保护层可以有效增加超导磁悬浮轴承的悬浮力，提高轴承系统阻尼特性，改善悬浮稳定性。

4.2.2　新型永磁转子结构

从永磁转子结构来看，主要有前文所讨论的常规结构、Halbach 永磁阵列结构和楔形聚磁环结构，如图 4-8 所示。目前的径向式超导磁悬浮轴承的永磁转子多采用常规结构，而直线超导磁悬浮轴承的永磁轨道多采用 Halbach 永磁阵列结构[103,132]。这是因为对于径向超导磁悬浮轴承来说，径向磁化的永磁环加工工艺相对复杂，因而较少采用 Halbach 永磁阵列结构。另外，为了通过提高永磁转子的径向磁场强度和轴向梯度来增加悬浮力，也有学者考虑采用楔形聚磁环结构的永磁转子[133,134]。本节主要讨论 Halbach 型式永磁转子和楔形聚磁铁环结构永磁转子对径向式超导磁悬浮轴承轴向悬浮力的影响。

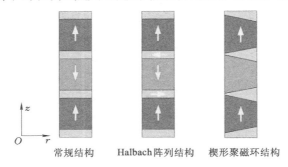

常规结构　　　Halbach 阵列结构　　　楔形聚磁环结构

图 4-8　Halbach 结构和楔形聚磁环永磁转子结构

以下分别建立 Halbach 型永磁转子和楔形聚磁铁环结构永磁转子的二维静态磁场数值仿真模型和相应径向超导磁悬浮轴承轴向悬浮力的有限元数值仿真模型。保持整体尺寸不变的情况下，将常规结构型式永磁转子中间两个聚磁环改为径向磁化的永磁环则构成 Halbach 型永磁转子；楔形聚磁铁环结构的永磁转子是在保持永磁体和聚磁铁环用量不变的条件下,仅改变各自的形状分别为等腰梯形和等腰三角形。仿真获得这两种结构的永磁转子和常规结构永磁转子的轴、径向磁通密度分布对比分别如图 4-9 和图 4-10 所示。Halbach 型永磁转子在增加永磁体用量的前提下并未明显改善磁场轴、径向磁通密度分布;楔形聚磁铁环结构的永磁转子使得径向磁通密度幅值有所减小,但轴向磁场却明显增强。

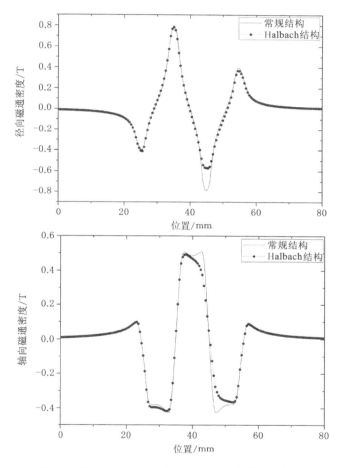

图 4-9　常规与 Halbach 永磁转子情况的转子磁场对比

相应的,图 4-11 所示为相同超导定子和三种不同结构永磁转子组成径向超导磁悬浮轴承的轴向悬浮力-位移关系。楔形聚磁铁环结构的永磁转子获得的轴向悬浮力最大,常规永磁转子结构次之,而 Halbach 型永磁转子对应的悬浮力最小。在设计径向超导磁悬浮轴承时,应当考虑实际情况如工艺难度、永磁体

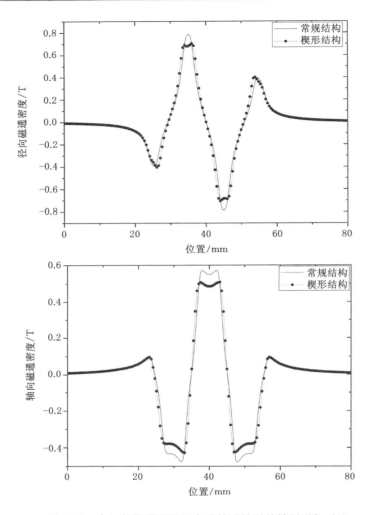

图 4-10 常规与楔形聚磁环永磁转子情况的转子磁场对比

用量和成本,综合确定合理可行的结构方案。

4.3 关键参数的田口法优化设计

关于超导体-永磁体悬浮系统的优化,常采用基于解析理论的方法研究超导体和永磁体的几何形状及尺寸对二者之间相互作用的垂直力、横向力的影响[126,135];也可采用数值计算方法研究超导体临界电流密度、带铁芯的永磁体对悬浮力的影响规律,进而优化悬浮力特性[136]。由于超导磁悬浮系统中电磁结

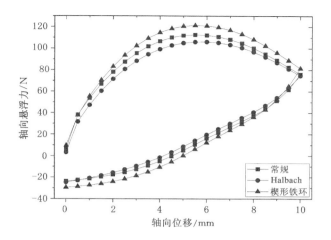

图 4-11　Halbach 阵列结构、楔形聚磁环结构与常规结构
永磁转子的轴向悬浮力-位移关系

构参数的多样性,场冷和零场冷条件下的不同工作参数(温度、场冷高度、悬浮高度)、物理参数(永磁体剩磁密度、超导体临界电流密度)、几何参数(永磁体和超导体的几何尺寸)对永磁体和超导体间的悬浮力均有不同程度的影响。近年来,基于数值建模和智能优化算法结合的方法,也可用于超导磁悬浮系统的优化设计,如在有限元建模基础上采用多目标粒子群优化算法对超导直线磁悬浮轴承进行优化[76]。此外,关于超导磁悬浮系统的优化目标,文献[137]提出一个综合衡量悬浮性能的优化目标:悬浮力与永磁体面积的比值,并采用数值方法对高温超导磁悬浮列车的 Halbach 永磁轨道进行优化设计。

　　针对径向型超导磁悬浮轴承的优化设计,目前已有研究获得不同铁环高度、永磁厚度、温度和气隙对悬浮力的影响规律,并得出优化结果中部分参数的定性关系[61,138]。但由于径向超导磁悬浮轴承悬浮力特性建模的复杂性及其影响因素的多样性使得其优化问题变得尤为复杂。仅采用简单的控制变量法或单变量逐次优化难以满足优化需求。本节将采用田口法对低温泵用径向型超导磁悬浮轴承的关键电磁结构参数进行优化设计[115]。

4.3.1　泵用超导磁悬浮轴承的基本结构参数

　　鉴于潜液式低温盘式电机泵的特殊结构和转子支撑需求,考虑将图 2-1 所示内永磁转子外超导定子结构形式调整为图 4-12 所示内超导定子外永磁转子结构形式的径向型超导磁悬浮轴承。采用内定子提供的悬浮力支撑盘式电机泵的外转子悬浮体。在保持安装空间等同的条件下,内超导定子外永磁转子结构形式的超导磁悬浮轴承所需超导块材数量减少,成本相对较低。其初始结构和设计参数如表 4-1 所示。

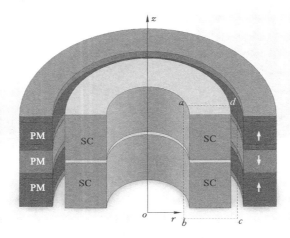

图 4-12　内超导定子外永磁转子结构形式超导磁悬浮轴承

表 4-1　泵用超导磁悬浮轴承的初始设计参数

项目	数值/单位
永磁转子	$64 \times 48 \times 8$ mm
超导定子	$42 \times 22 \times 16$ mm
A:定转子间隙厚度	3 mm
B:聚磁铁环厚度	2 mm
C:永磁体剩磁密度	1.18 T
D:超导块轴向间隙厚度	1 mm
E:超导块临界电流密度	9×10^{7} A/m²
F:场冷高度	0 mm

　　为获得最佳轴向悬浮力特性,基于第 2 章中轴向悬浮力的有限元建模方法对所述内超导定子外永磁转子结构形式超导磁悬浮轴承的关键电磁结构参数进行优化设计。

4.3.2　优化变量与目标

　　尽管泵用超导磁悬浮轴承的结构简单,但影响其悬浮力特性的参数却很多,如物理参数(永磁体剩磁密度 B_r、超导体临界电流密度 J_c)、几何参数(定转子间气隙厚度、超导定子和永磁转子的径向厚度和轴向高度、超导块轴向间隙和聚磁铁环厚度）、工作参数（初始冷却高度和悬浮高度）。因此，超导磁悬浮轴承的优化设计是一个多变量多目标优化过程。理论上采用穷举法测试可以得到最佳参数组合，但这需要巨大的工作量和很高的计算成本。所以，超导磁悬浮轴承的优化设计需要一种工作量较小又能快速确定最佳参数组合的优化方法。

田口法是由日本学者田口弘一提出的用于提高流水线产品质量的一种统计学分析优化方法。在田口法设计优化过程中，需要根据优化变量确定因素个数及其水平个数，并选取对应的正交试验表。正交试验表是一种代表不同因素水平的正交矩阵，用来设计正交试验。通过采用正交试验表，在开展较少实验次数的情况下便可获得各因素对试验目标的影响规律，并基于统计学分析获得最佳参数组合。该方法尤其适用于求解涉及复杂数学模型和模糊变量关系的优化设计问题，如电机等电磁装置的参数优化设计问题[139,140]。因此，采用田口法对低温泵用内超导定子外永磁转子结构形式的超导磁悬浮轴承进行优化设计。

承载能力是超导磁悬浮轴承的重要性能参数之一。轴向悬浮力最大值 F_m 和相应永磁转子的轴向位移 D_{isp} 与超导磁悬浮轴承的轴向承载能力密切相关。为使超导磁悬浮轴承永磁转子能以较小的位移获得最大的轴向悬浮力，在初始冷却条件为场冷情况下，选择径向超导磁悬浮轴承所获得的轴向悬浮力最大值 F_m 和相应的永磁转子轴向位移 D_{isp} 为 2 个优化目标。由于影响超导磁悬浮轴承悬浮力特性的变量参数较多，此处仅选择如下 6 个关键参数作为优化变量：A 定转子间气隙长度、B 聚磁铁环厚度、C 永磁体剩磁密度 B_r、D 超导环间的轴向间隙厚度、E 超导体临界电流密度 J_c 和 F 初始场冷高度。每个优化变量作为田口试验中一个具有 5 个水平的因素，按照等差分布在表 4-1 给出的初始设计值附件范围内确定 5 个水平对应的取值。表 4-2 所示为田口法优化设计所选 6 个因素以及各因素的 5 个水平值。

表 4-2　因素及其水平

因素	水平				
	1	2	3	4	5
A/mm	1.5	2	2.5	3	3.5
B/mm	0.5	1	1.5	2	2.5
C/T	1.18	1.23	1.32	1.37	1.40

表 4-2(续)

因素	水平				
	1	2	3	4	5
D/mm	0.5	1	1.5	2	2.5
E/(A/m^2)	6.5×10^7	8×10^7	9×10^7	1×10^8	1.8×10^8
F/mm	0	2	4	6	8

4.3.3 田口试验矩阵

整个优化设计具有 6 个因素且每个因素具有 5 个水平,需建立表达式为 $L_{25}(5^6)$ 的标准正交实验矩阵如表 4-3 所示的前 7 列,列出来田口法优化所需进行的部分实验。正交实验矩阵具有 25 行分别对应所需进行的 25 次正交实验,第 1 列为实验序号。正交实验矩阵的 6 列分别给出了每次实验时 6 个因素对应的水平取值。若采用传统的单变量、单目标穷举优化方法则需要 $5^6=15\ 625$ 次实验才能确定最优参数组合,而采用田口法则只需 25 次实验就可以完成径向超导磁悬浮轴承的多变量、多目标优化设计。按照所建立的正交实验矩阵,基于第 2 章中轴向悬浮力计算方法,采用 COMSOL 建立 25 次正交试验对应的有限元仿真模型进行试验求解。正交实验表及各次实验获得的轴向悬浮力最大值 F_m 和相应的永磁转子轴向位移 D_{isp} 的求解结果如表 4-3 所示。

表 4-3 $L_{25}(5^6)$ 正交试验表及试验结果

No.	A	B	C	D	E	F	F_m/N	D_{isp}/mm
1	1	1	1	1	1	1	91.7	3.1
2	1	2	2	2	2	2	125	3.7
3	1	3	3	3	3	3	155	4.6
4	1	4	4	4	4	4	172.1	5.6
5	1	5	5	5	5	5	230	5.7
6	2	1	2	3	4	5	103.6	4.4
7	2	2	3	4	5	1	161.7	3.6
8	2	3	4	5	1	2	107	3.4
9	2	4	5	1	2	3	131	4.1
10	2	5	1	2	3	4	114.6	5.0
11	3	1	3	5	2	4	83.9	5.4
12	3	2	4	1	3	5	102.3	4.5

表 4-3(续)

No.	A	B	C	D	E	F	$F_{\mathrm{m}}/\mathrm{N}$	$D_{\mathrm{isp}}/\mathrm{mm}$
13	3	3	5	2	4	1	105.7	3.6
14	3	4	1	3	5	2	125.5	4.3
15	3	5	2	4	1	3	82.2	4.5
16	4	1	4	2	5	3	112.6	4.3
17	4	2	5	3	1	4	72.1	5.2
18	4	3	1	4	2	5	62.7	5.0
19	4	4	2	5	3	1	67.3	3.5
20	4	5	3	1	4	2	87.4	4.1
21	5	1	5	4	3	2	58.7	3.7
22	5	2	1	5	4	3	53.8	4.9
23	5	3	2	1	5	4	76.2	4.9
24	5	4	3	2	1	5	54.1	5.0
25	5	5	4	3	2	1	54.6	4.0

4.4　优化设计结果分析

4.4.1　平均值分析

根据表 4-3 的实验结果,按照公式(4-1)进行两个优化目标的平均值计算

$$M(S) = \frac{1}{n} \sum_{i=1}^{n} S(i) \tag{4-1}$$

式中,S 对应于优化目标 F_{m} 或 D_{isp};n 为正交实验的总次数;i 对应于试验序号;$S(i)$ 是从第 i 个试验中得到的 F_{m} 或 D_{isp} 值。如从第 2 个试验中得到的 F_{m} 值用 $F_{\mathrm{m}}(2)$ 表示。从所有试验中得到的两个优化目标的整体平均值 $M(S)$ 计算结果如表 4-4 所示。

表 4-4　整体平均值

S	$F_{\mathrm{m}}/\mathrm{N}$	$D_{\mathrm{isp}}/\mathrm{mm}$
$M(S)$	103.632	4.404

然后计算每个因素的不同水平对两个优化目标性能的平均效应值 $M_{X(j)}(S)$,即 j 水平的因素 X 对优化目标 S 的平均效应值。其中 X 对应于 6 个

因素 A,B,C,D,E 和 F；j 对应于 5 个水平号。可以根据表 4-3 的正交试验安排和优化目标的试验结果计算平均效应值 $M_{X(j)}(S)$，比如在水平 2 的因素 C 对轴向悬浮力最大值 F_m 的平均效应可按式（4-2）计算

$$M_{C(2)}(F_m) = \frac{1}{5}\left[F_m(2) + F_m(6) + F_m(15) + F_m(19) + F_m(23)\right] \quad (4-2)$$

在水平 3 的因素 D 对轴向位移 D_{isp} 的平均效应可按式（4-3）计算。

$$M_{D(3)}(D_{isp}) = \frac{1}{5}\left[D_{isp}(3) + D_{isp}(6) + D_{isp}(14) + D_{isp}(18) + D_{isp}(25)\right]$$

$$(4-3)$$

类似地，可分别计算出 6 个因素在各水平对应的参数变量对 2 个优化目标的平均效应值，并绘出各水平的因素对各试验指标的影响趋势图。图 4-13 所示分别为 6 个因素对应的优化变量对轴向悬浮力最大值 F_m 的影响趋势。图 4-14 所示分别为 6 个因素对应的优化变量对永磁转子轴向位移 D_{isp} 的影响趋势。可见，随着因素水平增加，因素 A 使得轴向悬浮力最大值 F_m 迅速减小，因素 B,C，D,E 和 F 则使得轴向悬浮力最大值 F_m 逐渐变大。永磁转子轴向位移 D_{isp} 随着因素 A 和 C 水平的增加并未呈现出明显变化趋势；但随着因素 B,D,E 和 F 水平的增加而并明显变大。

4.4.2 方差分析

为了评估各因素对优化目标影响的权重，可通过计算各因素的主效应值 $M_{X(j)}(S)$ 相对于总平均值 $M(S)$ 的方差 $V_X(S)$ 来反映权重

$$V_X(S) = \sum_{j=1}^{5}\left[M_{X(j)}(S) - M(S)\right]^2 \quad (4-4)$$

表 4-5 中给出了方差 $V_X(S)$ 的计算结果，同时也给出了 6 个因素变量对优化目标因素效应的相对重要程度占比。

表 4-5　各因素对 F_m 和 D_{isp} 的效应

因素	F_m		D_{isp}	
	方差	比重/%	方差	比重/%
A	5 328.29	52.57	0.056 4	3.19
B	417.70	4.12	0.202 4	11.45
C	1 901.02	18.76	0.052 6	2.98
D	73.77	0.73	0.068	3.85
E	2 196.43	21.67	0.089	5.04
F	217.78	2.15	1.298 6	73.49
总和	10 134.99	100	1.767	100

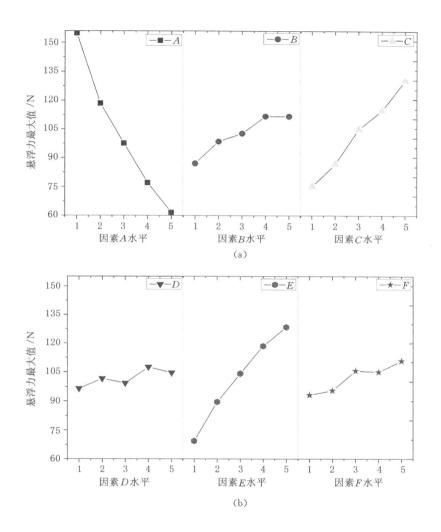

图 4-13　各因素对悬浮力最大值 F_m 的影响趋势

　　这些计算结果可直观地反映 6 个因素变量对 F_m 和 Disp 影响的相对重要程度,如图 4-15 所示。因素 A,C 和 E 对轴向悬浮力最大值 F_m 具有显著影响(相对重要程度占比分别为 A:52.6%,C:18.8%和 E:21.7%);因素 F 对永磁转子轴向位移 D_{isp} 具有决定性影响(相对重要程度占比为 F:73.5%)。增加因素 B,D 和 F 的水平有助于提高轴向悬浮力最大值 F_m,但这 3 个因素的相对重要程度占比相对较小(均小于 5%)。因素 A,B,C,D 和 E 对永磁转子轴向位移 D_{isp} 影响的重要程

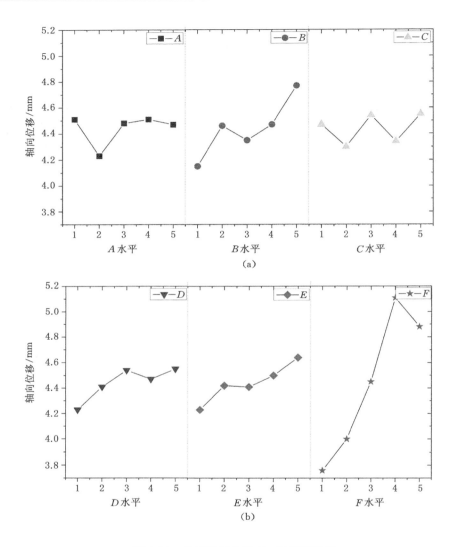

图 4-14　各因素对位移 D_{isp} 的影响趋势

度占比也较小（A：3.2%，B：11.5%，C：2.9%，D：3.9%，E：5.0%）。

4.4.3　优化结果分析

根据图 4-13、图 4-14 和表 4-5，结合材料工艺和实际加工要求，综合考虑可以确定最优参数组合。为保证径向超导磁悬浮轴承具有较大的轴向承载力和刚度特性，轴向悬浮力最大值 F_m 应该被最大化，相应的永磁转子轴向位移 D_{isp} 应该被最小化，所以因素 A 应当选择最低水平，而因素 C 和 E 应当选择最高水平

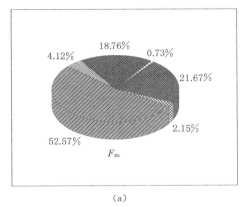
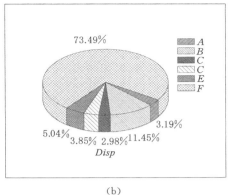

图 4-15　各因素对 F_m 和 D_{isp} 的相对重要程度

值,以获得最大的 F_m;然而,因素 F 应当选择最低水平以获得最小的 D_{isp}。但由于径向式超导磁悬浮轴承还要承担一定径向负荷,即需要提供足够的径向偏移空间提供径向悬浮力并防止转子扫膛和碰撞,综合考虑因素 A 不宜太小而选择第 2 水平值;另外,考虑高临界电流密度超导体制备难度较大以及打磨工序对超导块材综合特性的影响,所以因素 E 选择 3 水平值。其他因素则对优化变量 F_m 和 D_{isp} 的影响相对较小甚至可以忽略,可依据实际加工条件选择相应水平值。最后,可以确定 $[A(2),B(4),C(5),D(2),E(3),F(1)]$ 为内定子外转子结构形式超导磁悬浮轴承关键电磁结构参数的最佳组合。

　　按照表 4-1 的初始设计参数和田口法优化获得的最优参数组合分别建立相应超导磁悬浮轴承的有限元模型进行仿真计算。优化前后永磁转子在气隙中产生的磁通密度分布对比情况如图 4-16 所示。磁通密度径向分量和轴向分量的幅值分别增加了 42.1% 和 33.3%,同时也增加了磁场沿轴向变化的梯度值,可以有效提高轴向悬浮力。在场冷条件下,当外永磁转子以 1 mm/s 的速度沿着轴向方向向上移动 10 mm,再返回初始位置。图 4-17 给出了初始设计和优化设计方案的轴向悬浮力-位移关系的理论计算结果以及优化设计方案相应的实验测量结果。可见轴向悬浮力获得大幅度改善,其中优化后的最大悬浮力增加为初始设计方案的近 2 倍(初始设计方案约为 65 N,优化结果约为 129 N,对应的永磁转子位移 D_{isp} 为 3.7 mm)。这是因为优化方案中具有更小的定转子气隙厚度和较大的超导体临界电流密度,进一步提高了可获得的轴向悬浮力值。但优化设计方案的实验测量结果并非如理论计算结果那样获得极为显著的优化效果。主要原因是内超导定子的加工工艺对原始超导块材进行了大量的切削和打磨,造成块材超导特性严重恶化。总体来看,经过田口法优化设计,外永磁转子内超导定子结构形式的超导磁悬浮轴承的永磁转子磁场分布和轴向悬浮力特性获得明显改善,显著提高了轴承的轴向承载能力。

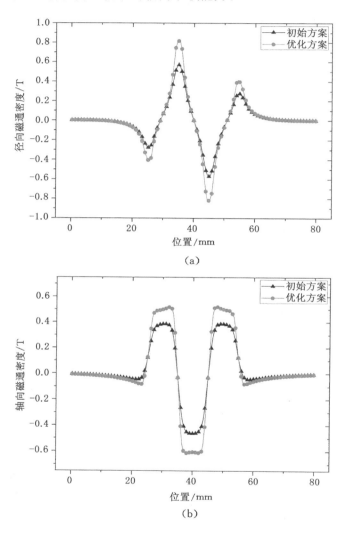

图 4-16　优化前后永磁转子磁通密度分布对比

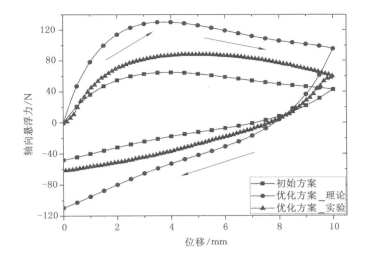

图 4-17　优化前后场冷情况下轴向悬浮力对比

4.5　本章小结

本章主要研究了径向型超导磁悬浮轴承的优化设计问题。讨论了新型定转子结构径向超导磁悬浮轴承的轴向悬浮力特性,并采用田口方法优化了超导磁悬浮低温潜液泵用超导磁悬浮轴承的关键电磁结构参数。

基于径向超导磁悬浮轴承二维有限元模型对超导磁悬浮轴承定、转子轴向长度有限引起的端部效应对磁场分布、超导电流密度和悬浮力特性的影响进行仿真研究。超导定子轴向有限长度以及轴向分块,都因为存在端部效应而不同程度地减小了有效超导体面积,并削弱产生的轴向悬浮力。永磁转子长度有限引起的端部效应对悬浮力的影响较大。随着永磁转子长度的增加,悬浮力有先增大后减小的趋势且最终趋近于永磁转子无限长时对应的悬浮力值。因此,在空间和成本允许的情况下,实际应用中径向超导磁悬浮轴承的超导定子应尽可能采用较大的单块超导体获得较大悬浮力;永磁转子长度应该比超导定子略长,以利用端部效应增加端部磁通密度而进一步提高最大悬浮力值。

基于径向超导磁悬浮轴承悬浮力计算的二维有限元模型,本章仿真研究了新型定转子结构径向超导磁悬浮轴承的轴向悬浮力特性。当永磁转子轴向移动速度为 1 mm/s 时,即准静态磁场情况下,与无铜保护层时相比,带铜保护层的径向式超导磁悬浮轴承的轴向悬浮力基本无变化。而当永磁转子轴向移动速度较大时,如 1 m/s 时,在瞬态变化磁场作用下,单独超导定子和单独铜保护层产生的轴向悬浮力均获得极大的提高。在一定铜厚范围内,带铜保护层的径向式超导磁悬浮轴承的轴向悬浮力均随着铜层厚度的增加而明显增加。因而,在超导定子外表面包裹铜保护层不仅可以保护超导块材不被碰撞损坏,增加超导定子的机械强度,还可有效改善轴承系统动态阻尼特性,提高系统悬浮稳定性。楔形聚磁铁环结构的永磁转子使得径向磁场幅值有所减小,但轴向磁场却明显增强,相应超导磁悬浮轴承获得的轴向悬浮力最大;Halbach 型永磁转子在增加永磁体用量的前提下并未明显改善磁场轴、径向分布且获得的轴向悬浮力比常规永磁转子结构还要小。

本节还引入统计学方法——田口法对泵用内定子外转子结构形式的超导磁悬浮轴承的承载能力进行优化。分析了影响目标特性的 6 个关键参数变量的平均效应和相对重要程度。因素 A(气隙厚度),C(永磁体剩磁密度)和 E(超导体临界电流密度)对轴向悬浮力最大值 F_m 具有重要影响(A:52.6%,C:18.8%,E:21.7%)。因素 F(初始场冷高度)对永磁转子轴向位移 D_{isp} 具有决定性影响(F:73.5%)。结合材料工艺和加工要求,最终确定最优轴向悬浮承载能力的参数组合。初始设计和优化设计结果的对比表明:优化后超导磁悬浮轴承的轴向悬浮力特性得到很大提高,田口法适用于超导磁悬浮轴承的多变量多目标优化设计。

第 5 章　低温泵用轴向磁通电机的
电磁悬浮力特性分析

　　经过长期的发展和改进应用,径向磁通柱式旋转电机在本体设计、制造工艺和控制方法等方面已经非常成熟,在形成一系列行业标准的同时其成本也在逐渐降低。目前各种类型泵的驱动一般采用常规的径向磁通柱式旋转电机。然而,随着工业制造水平和人民生活水平的提高,对各种类型的泵及其电机提出了小型化和薄型化的要求。近年来,具有扁平结构的轴向磁通盘式电机引起了电机泵研发人员的注意。由于轴向磁通盘式电机功率密度大、成本低、轴向尺寸小、适合在扁平空间运行,因而适用于计算机磁盘驱动器、壁钟上的步进电机、风扇电机、电磁制动电机、血液泵和冷却油泵电机等。

　　若将离心泵的叶轮与轴向磁通盘式电机的转子固定连接在一起,使泵和盘式电机达到一体化集成,既可以缩短轴向尺寸,省略电机前端盖、轴承盖等,又可以极大地减小整个装置的体积和质量。图 5-1 所示为意大利罗马大学提出的一种无槽轴向磁通永磁盘式电机泵[141]。可见,与标准化生产的柱式感应电机泵相比,同等功率条件下的轴向磁通电机泵在体积方面有着明显的优势。早在 20世纪 80 年代,英国 SNC 公司、瑞士 Micro-Eietic 公司、澳大利亚 Rint-fas 公司和

图 5-1　轴向磁通电机泵和标准化生产柱式感应电机泵

日本松下、日立等公司开展了盘式电机在泵与风机上的应用研究。另外,对集成离心泵和轴向磁通盘式电机的研究,美国多家公司已申请多项发明专利授权[142-144]。

尽管如此,在考虑到低温环境的特殊工作要求(如伸长轴结构和气蚀现象),低温液体泵仍然采用成熟的常规柱式旋转电机,关于轴向磁通盘式电机在低温液体泵上的应用极为少见。本章将针对超导磁悬浮低温盘式电机泵的需求,研究低温泵用三相异步盘式电机的电磁力特性和工作特性,尤其是电机定转子间的电磁悬浮力特性。通过建立常温条件下三相异步盘式电机的三维有限元数值模型,仿真计算三相异步盘式电机的常温电磁力特性和工作特性。通过常温时实验测量验证所建立数值模型的正确性,最终考虑液氮低温环境下材料电磁特性的变化,研究三相盘式异步电机的低温工作特性和电磁悬浮力特性。

5.1 轴向磁通盘式电机的选型与介绍

5.1.1 选型与结构介绍

轴向磁通盘式电机的工作原理与径向磁通柱式电机基本相同。因而,与柱式电机一样,盘式电机既可以做成电动机,也可以做成发电机,包括与径向磁通柱式电机对应的各种类型轴向磁通盘式电机,如异步盘式电机,同步盘式电机,开关磁阻盘式电机和超导盘式电机等。本研究所选驱动电机将应用于低温液体泵,即工作于低温环境。考虑低温环境对同步电机永磁体材料的影响尚处于实验研究阶段,且并未形成一套完善的低温同步电机材料选用原则[145,146]。而开关磁阻电机则需要工作于低温环境的位置传感器或无位置传感器控制技术,这些仍是相关领域内的研究难题。因而,目前不少学者已经对低温环境下异步电机的电磁和结构设计、材料选型、加工工艺以及样机的液氮温区运行试验进行了一系列研究,验证了异步电机工作于低温环境的可行性。综合考虑,异步电机的低温材料选取相对容易、调速控制方便、结构简单且可靠性较高,本书选用常规笼形转子三相异步盘式电机作为超导磁悬浮低温潜液泵的驱动电机。

三相异步盘式电机的基本结构是由一个盘状定子和一个盘状转子构成,两个盘之间存在的轴向间隙为电机的工作气隙。图 5-2 所示为典型的单定子-单转子型盘式电机。不同于柱式电机铁芯由若干轴向开槽的硅钢片进行轴向叠压而成,盘式电机定子和转子铁芯均由一定长度的硅钢带进行不同间距的冲压开槽,卷绕而成,定转子槽向为半径方向亦可倾斜。定子绕组具有与柱式电机类似的构成和连接方式嵌置于定子槽内。转子则采用铸铝或铸铜的笼形绕组,并在转子铁芯的外圆和内圆处分别铸有相同材质的端环。

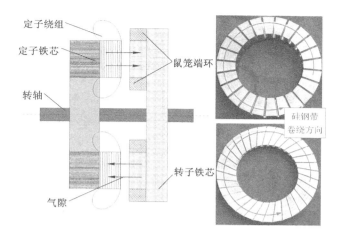

图 5-2　轴向磁通电机的基本结构和定转子卷绕铁芯

由于盘式电机定转子的盘状平行结构,克服了常规柱式电机定子包围转子的缺点,散热效果好且铁芯的利用系数(可达 95％以上)明显高于普通柱式电机(75％左右)[147]。同时因其轴向尺寸较小,结构简单,适用于安装空间有限或需要扁平结构的场合。然而,由于盘式电机运行时,定转子间除了产生有用的电磁转矩外,还会产生较大的轴向电磁吸力,使得电机轴承负荷增加。盘式电机的轴向电磁吸力可以通过以下几个方面解决或改善。

(1) 双定子-单转子结构

为了消除定转子间的轴向电磁吸力,结构方面可以采用双定子-单转子结构。这种结构的盘式电机实际就是两台单转子-单定子盘式电机的轴向串联而成。由于转子采用双边开槽的卷绕铁芯,且转子两侧的定子完全相同,转子与两侧定子之间存在着大小相等方向相反的轴向电磁力,二者相互平衡,因而抵消了定转子间的轴向电磁吸力。同理,单定子-双转子结构的盘式电机也可以抵消定转子间的轴向电磁吸力。

(2) 盘式制动电机

盘式制动电机是将轴向电磁吸力这个缺陷"变害为利"的典型应用场合,其基于单边型盘式电机的基本结构,在转子上安装制动弹簧和制动盘。当电机通电运行时,定转子间的轴向电磁吸力会使制动弹簧被压缩,电机正常旋转工作;当电机断电时,轴向电磁吸力消失而制动弹簧释放能量,将转子推回到制动盘位置而接触刹车实现制动。在目前工业应用领域中,盘式制动电机是最被广泛采用的盘式电机之一,是电动葫芦、环链葫芦、小型起重车机、开式压力机、冲床滑块以及自动包装机械等理想的配套设备。

（3）泵机合一的盘式电机泵

如果将离心泵的叶轮和盘式电机的转子固定连接作为一个整体，泵壳也就是电机的外壳。这种盘式电机泵具有结构简单、重量轻、体积小、轴向尺寸短，尤其是无泄漏等优势。另外，盘式电机定转子间产生的轴向电磁吸力可以平衡旋转叶轮与液体介质间的轴向相互作用力，至少在电机泵特性曲线的某个工作点上，能使叶轮轴向受力和转子轴向电磁吸力达到平衡而相互抵消，从而减小轴承轴向力负荷、延长轴承工作寿命，使泵的运行更加安全可靠。目前这种泵机合一的结构主要用于大型变压器的强油循环泵或者大型整流装置的冷却液输送泵。与此类似，盘式电机驱动的立式吊扇或风机，也可以利用定转子间的电磁吸力平衡风扇旋转部分的重力和旋转叶片与空气的相互作用力。

可见，若将盘式电机与离心式低温液体泵结合，不仅在结构和原理上具有一定可行性，从减小轴承轴向负荷方面看还具有一定的优势。然而，上述盘式电机结构的应用大多仍然采用机械止推轴承承担一部分轴向电磁吸力，电机特性的关注重点仍然在盘式电机有效电磁力，即电磁转矩。关于轴向电磁力和径向偏心电磁力的详细计算研究和实验报道甚少。只有作为制动盘式电机时，其设计过程中考虑到制动弹簧和止推轴承的选取、轴承寿命计算时，需要对轴向电磁吸力进行估算，但这些大多是根据经验公式对额定工作情况下定转子间轴向电磁吸力的粗略计算，并不能满足研究盘式电机轴、径向电磁力作为悬浮力的精度需求。鉴于超导磁悬浮低温潜液泵用盘式电机定转子间轴、径向电磁力对悬浮体转子稳定工作运行的重要性，开展低温环境下轴向磁通三相异步盘式电机的电磁力特性和工作特性研究，尤其是定转子间轴、径向电磁悬浮力的研究。

5.1.2　基本电磁结构参数

这里选用 YHPE 系列三相盘式异步电动机 YHPE 300-4，主要设计参数如表 5-1 所示。电机的定子和转子实物如图 5-3 所示。

表 5-1　电机主要设计参数

项目/单位	值	项目/单位	值
额定功率/W	300	额定转速/(r/min) 额定电流	1 380
额定电压/V	380	额定电流/A	1.13
频率/Hz	50	效率	65%
相数	3	功率因数	0.62
极对数	2	气隙厚度/mm	0.2

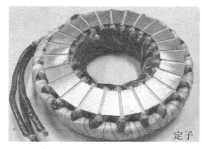

定子　转子

图 5-3　YHPE 300-4 三相异步盘式电机

为了方便自动冲卷工艺,盘式电机定转子铁芯的槽型通常采用半闭口平行平底槽或平行圆底槽,定子槽型和转子槽型如图 5-4 所示。通过实物测量获得该电机的主要结构尺寸参数如表 5-2 所示。

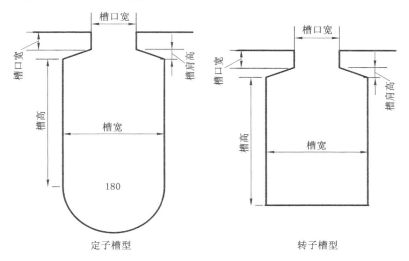

定子槽型　　　　　　　　转子槽型

图 5-4　定转子槽型尺寸

表 5-2　电机主要结构尺寸

项目/单位	值	
	定子部分	转子部分
铁芯高度/mm	38	21
铁芯外径/mm	131	155
铁芯内径/mm	85	75

表 5-2(续)

项目/单位	值	
	定子部分	转子部分
槽数	24	30
线圈跨距	5	/
匝数	220	/
轭高/mm	23	20
线径	0.43	/
斜槽	/	6°
槽型	半闭口圆底平行槽	半闭口平底平行槽
槽口宽/mm 槽口高	2.5	1.9
槽口高/mm	1.5	1.64
槽宽/mm	6	4.92
槽高/mm	16	6.48
槽底直径/mm	3	/

5.2　轴向磁通盘式电机的数值建模

5.2.1　电机材料室温与低温特性实验测量

5.2.1.1　卷绕硅钢铁芯磁化特性与损耗特性

当电机绕组线圈中通有交变电流,产生交变的磁通将在铁芯中产生感应电流。该感应电流在垂直于磁通方向的平面内形成环流,即涡流。涡流损耗会导致铁芯发热。为了减小涡流损耗,与常规径向磁通柱型电机的轴向叠压铁芯不同,由于气隙磁通方向为轴向,盘式电机的定转子铁芯由硅钢带卷绕而成,使涡流在狭长形的回路中,通过较小的截面,以增大涡流通路上的电阻;同时,硅钢中的硅使得材料的电阻率增大,从而起到减小涡流损耗的作用。

此外,所述超导磁悬浮低温盘式电机泵为潜液式低温泵,即整个泵体包括盘式电机全部浸泡在低温液体环境中。为建立低温环境下三相异步盘式电机合理的理论仿真模型,获得相对精确的低温工作特性和电磁悬浮力特性,首先需要研究电机材料的低温电磁特性。

图 5-5(a)所示为磁性材料自动测试平台 MATS-2010SD,可以用来精确测

量各种磁性材料和铁芯材料的磁特性参数。图 5-5(b)所示盘式电机铁芯材料环形测试样品,其采用与定转子铁芯相同材料的硅钢带和相同的工艺卷绕而成。根据测试平台 MATS-2010SD 的测量要求,用铜漆包线在铁芯材料环形样品上分别均匀绕制初级线圈(匝数为 200)和次级线圈(匝数为 100),如图 5-5(c)所示。连接软磁材料特性测量平台分别进行室温环境和液氮环境下的直流磁特性测量和交流磁特性测量。

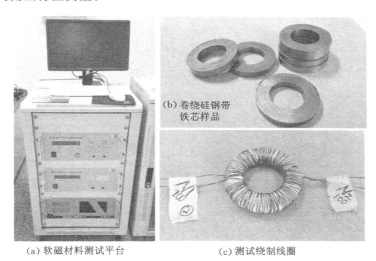

(a)软磁材料测试平台　　　　(b)卷绕硅钢带铁芯样品　　　　(c)测试绕制线圈

图 5-5　软磁材料特性测量平台和卷绕硅钢带铁芯样品及绕制测试线圈

图 5-6 和图 5-7 所示分别为室温和液氮环境下的卷绕硅钢铁芯的磁化曲线和磁滞回线测量结果。可以看到:与室温条件下的测量结果相比,当磁路不饱和时,硅钢带卷绕制成的铁芯在液氮低温环境(−196 ℃)下的磁化特性基本无变化;当磁路饱和时,相同磁场强度下低温环境中的磁感应强度略大,即磁化特性稍有提高。室温与液氮低温条件下的磁滞回线则基本无变化。这表明可以近似的认为盘式电机定转子铁芯的导磁特性在低温环境和室温环境下基本无差别。

图 5-8 所示为分别 50 Hz,100 Hz 和 200 Hz 的交流激励下,室温和液氮环境下的卷绕硅钢铁芯的铁芯损耗变化情况测试结果。可以看出,无论在室温还是液氮低温环境下,单位质量卷绕硅钢铁芯的损耗随着磁感应强度的增强而逐渐增加;且随着频率的增加而迅速增加。相同频率和磁感应强度条件下,低温环境下的单位质量卷绕硅钢铁芯损耗要高于室温环境下的损耗。这种差别亦会随着磁感应强度和频率的增加而表现得越来越明显。因为铁芯损耗主要由涡流损耗和磁滞损耗两部分构成

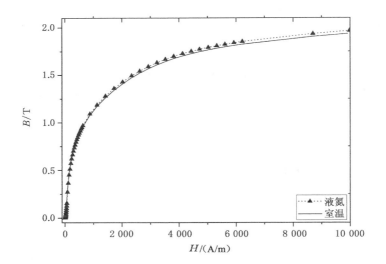

图 5-6　室温和液氮环境下卷绕硅钢铁芯的磁化曲线

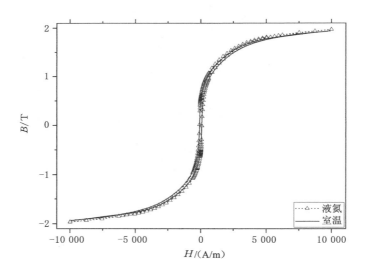

图 5-7　室温和液氮环境下卷绕硅钢铁芯的磁滞回线

$$p_{Fe} = p_h + p_e = (C_h f B_m^n + C_e \Delta^2 f^2 B_m^2)V \qquad (5\text{-}1)$$

式中，p_{Fe}、p_h、p_e 分别为铁芯损耗、磁滞损耗和涡流损耗；C_h 为磁滞损耗系数，其主要与磁滞回线的面积相关；C_e 为涡流损耗系数，其大小取决于铁芯材料的电阻率；Δ 为硅钢带的厚度；f、B_m 和 V 分别为频率、主磁通密度和铁芯体积。

由图 5-7 可得低温和室温条件下磁滞回线的面积基本一致，所以低温和室温环境下,盘式电机卷绕铁芯的磁滞损耗应当基本相同。但低温条件下硅钢带卷绕铁芯的电导率却大幅度增加,使得铁芯内部涡流密度增加和铁芯涡流损耗明显变大。因此,相对于室温环境,低温环境下的盘式电机定转子卷绕铁芯的损耗有所增加。这一点在低温环境下三相异步盘式电机的工作特性和电磁力特性建模计算时是需要考虑在内的。

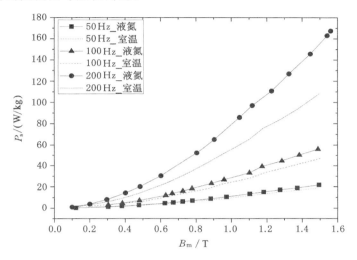

图 5-8 室温和液氮环境下卷绕硅钢铁芯的损耗

5.2.1.2 绕组导体材料导电特性

对于三相异步盘式电机来说,其导电材料主要有两种:定子绕组漆包线的铜导体和转子鼠笼导条的铸铝。经过调研和整理文献的实验数据[148-150],可以得到绕组铜导体和鼠笼铸铝的电阻率与温度的关系如图 5-9 所示。将这些数据进行曲线拟合,得到导体材料铜和铸铝的电阻率随温度的变化关系

$$\rho_{Cu} = 7 \times 10^{-11} T + 1.59 \times 10^{-8} \tag{5-2}$$

$$\rho_{cast\_Al} = 9.54 \times 10^{-11} T + 2.7761 \times 10^{-8} \tag{5-3}$$

式中,ρ_{Cu} 和 ρ_{cast_Al} 分别为铜和铸铝的电阻率;T 为温度值。上述拟合关系式(5-2)适用温度范围为 $-200 \sim 150$ ℃,式(5-3)适用温度范围为 $-200 \sim 20$ ℃。按照拟合关系可以计算得到在铜和铸铝在室温和液氮低温环境下的电阻率比值分别为

$$\frac{\rho_{Cu}\big|_{T=25}}{\rho_{Cu}\big|_{T=-197}} = 8.2 \tag{5-4}$$

$$\frac{\rho_{cast\_Al}\big|_{T=25}}{\rho_{cast\_Al}\big|_{T=-197}} = 5.3 \tag{5-5}$$

这些关系可以用来验证和确定室温与液氮低温环境下三相盘式异步电机的

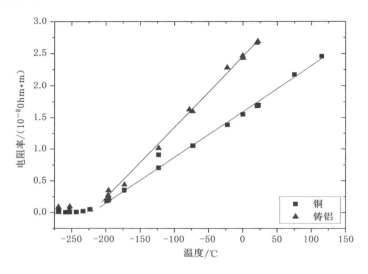

图 5-9　铜和铸铝的电阻率温度特性曲线

定子电阻和转子等效电阻。为了验证该公式，采用 UT612 LCR 测量仪进行室温和液氮环境下漆包线圈样品和电机相电阻的测量实验，如图 5-10 所示。为消除误差采用五次测量求平均值。表 5-3 和表 5-4 分别列出室温和液氮环境下样品线圈电阻和盘式电机单相电阻的测量值。可以发现：液氮环境下漆包线样品线圈的电阻约为室温环境时的 1/7；盘式电机定子各相电阻基本相同，液氮环境下电机单相电阻约为室温环境时的 1/7.8。实验测量结果基本符合前文获得的电阻率-温度拟合关系。

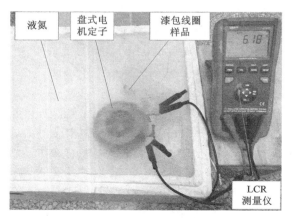

图 5-10　漆包线圈样品和电机单相电阻的低温测量实验

表 5-3　室温时电阻的测量结果

测量次数	线圈样品/Ω	电机相电阻		
		A 相/Ω	B 相/Ω	C 相/Ω
1	1.92	21.17	21.20	20.13
2	1.93	21.18	21.17	21.14
3	1.92	21.19	21.18	21.12
4	1.93	21.17	21.19	21.13
5	1.93	21.18	21.18	21.12
平局值	1.926	21.178	21.184	20.928

表 5-4　液氮环境下电阻的测量结果

测量次数	线圈样品/Ω	电机相电阻		
		A 相/Ω	B 相/Ω	C 相/Ω
1	0.28	2.71	2.72	2.58
2	0.30	2.72	2.71	2.71
3	0.29	2.72	2.72	2.71
4	0.29	2.71	2.72	2.71
5	0.28	2.71	2.72	2.71
平局值	0.288	2.714	2.718	2.684

结果表明:相对于室温条件下,液氮低温环境对盘式电机定转子铁芯材料的导磁特性基本无明显影响;当电机运行频率在工频范围内时,低温环境对铁芯损耗的影响也很小。但是,液氮低温环境对盘式电机定子绕组铜导体和转子鼠笼铸铝的电导率影响非常大。接下来先建立室温环境下的三相异步盘式电机的三维有限元数值模型,计算其基本工作特性和电磁力特性。并通过室温环境下电机运行特性的测量实验以验证模型的正确性。然后,主要考虑低温环境对导体材料电导率的影响,建立低温液氮环境下的三相异步盘式电机的三维有限元数值模型,计算其基本低温工作特性和低温电磁力特性。

5.2.2　三维有限元数值建模

按照表 5-1 和表 5-2 中的参数,采用商业电磁场有限元数值计算软件 AN-SYS Maxwell 建立室温环境下三相异步盘式电机的三维有限元数值模型。图 5-11所示分别为超导磁悬浮低温潜液泵用三相异步盘式电机及其定子、转子的有限元模型和三维有限元网格剖分结果。通过设置不同的几何参数(如定转子间气隙厚度)和工作参数(转子负载和转速大小)进行三维仿真计算,整理后处理数据可以计算盘式电机的基本工作特性和电磁力特性。

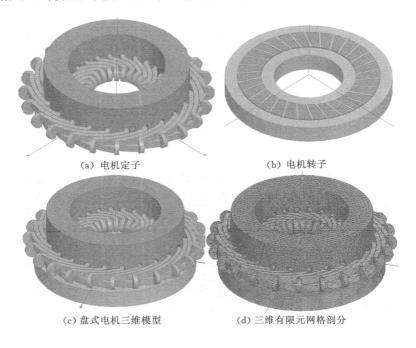

(a) 电机定子　　　　　　　　　　　(b) 电机转子

(c) 盘式电机三维模型　　　　　　　(d) 三维有限元网格剖分

图 5-11　轴向磁通盘式电机的三维有限元数值模型和网格剖分

5.2.3　电磁力特性实验测量平台

为验证室温环境下三相异步盘式电机的有限元建模以及室温工作特性和电磁力特性计算结果,搭建如图 5-12 所示的轴向磁通盘式电机电磁力特性测试平台。该测试平台主要包括轴向磁通盘式电机(定子和转子)、ABB 变频控制器 ACS 355、电涡流制动器及加载控制器(提供可调的负载转矩)、转矩/转速传感器以及数字显示表、轮辐式轴向拉/压力传感器(±2000 N,0.5%)、高精度数字电压电流表和 WT 230 功率仪、平台底座以及其他必要机械支撑结构件等。轴向磁通盘式电机的定子直接与轮辐式拉/压力传感器同轴固定连接。轮辐式拉/压力传感器主要用于测试叶轮或螺旋桨动态旋转时的轴向受力情况,传感器输出−10 V 至 10 V 的直流电压对应−2 000 N 至 2 000 N 的轴向受力。电涡流制动器作为负载通过转矩/转速传感器与盘式电机转子同轴连接。ABB 变频控制器向盘式电机定子提供频率可调的三相电压源,实现对电机的变频调速运行。通过调节加载控制器的电流大小可调整不同大小的负载。从各个显示仪表读取运行参数并进行简单运算可以获得室温环境下盘式电机的基本工作特性。该测试平台不仅可以测量静止对象的轴向受力情况和工作特性,如盘式电机定转子间的轴向力,还可以测量做旋转运动对象的轴向力受力情况和工作特性,如磁驱动或磁齿轮等。另外,该平台端部设置丝杠旋钮,旋转旋钮可以调节盘式电机定转子间轴向气隙大小,测量不同气隙厚度条件下盘式电机的工作特性。

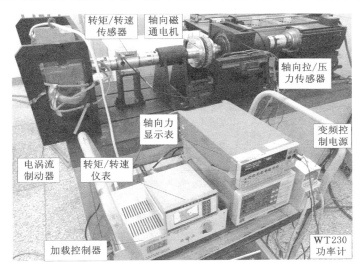

图 5-12　盘式电机轴向力测量平台

5.3　室温下电机电磁力特性的仿真分析与实验验证

5.3.1　空载条件下不同气隙

室温条件下,给盘式电机定子绕组通以 50 Hz,220 V 和 380 V 的额定电压。调节加载控制器的励磁电流为零,即空载运行。调节轴向力测试平台的端部旋钮改变盘式电机定子的轴向位置,即调整定转子间气隙厚度分别为 1.0 mm、1.5 mm、2.0 mm、2.5 mm、3.0 mm、3.5 mm。电机达到稳定运行时,定子绕组单相电流、输入功率和定转子间轴向电磁吸力的理论计算结果和试验测量结果分别如图 5-13(a)、(b)和(c)所示。可见,随着定转子间气隙厚度的增加,电机主磁路磁阻逐渐变大,这使电机的励磁电流和励磁功率增加,即定子电流和输入功率随着定转子间隙的变大而逐渐增加。根据轴向力简化计算公式[147]

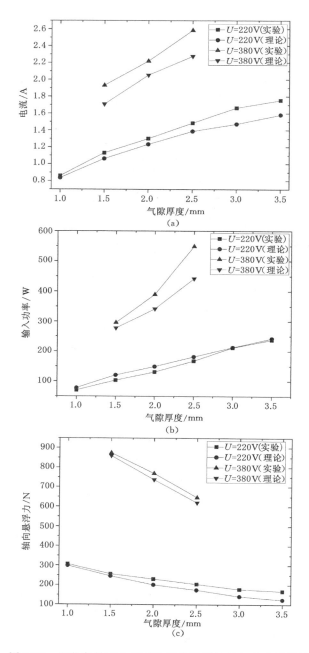

图 5-13　空载条件下电机工作特性计算结果与实验测量结果

$$F_z = \frac{\pi(R_o^2 - R_i^2)}{4\mu_0} k_s^2 k_z^2 B_\delta^2 \tag{5-6}$$

式中，R_o 和 R_i 分别为盘式电机铁芯的外径和内径；k_s 为饱和系数；k_z 为转子齿槽效应系数；B_δ 为气隙磁通密度。可见轴向电磁力主要与气隙磁通密度和定转子间耦合面积呈正相关关系。所以，随着气隙厚度的增加，气隙磁通密度和定转子间轴向电磁力会有所下降。当电机输入电压为 220 V 和 380 V 时，定子电流、输入功率和轴向电磁力的有限元计算结果和实验测量结果均呈以上变化规律，且理论结果与实验测量结果基本吻合。当输入电压为 380 V 时，相应定子相电流、输入功率和定转子间轴向电磁力均大于工作电压为 220 V 时的相应结果。尤其是输入电压为 380 V 时电机的轴向电磁力非常大，为防止定转子刮蹭和定子电流过大，此时只开展了气隙厚度为 1.5 mm、2.0 mm 和 2.5 mm 的实验测量。

5.3.2　负载条件下不同转速

室温条件下，给盘式电机定子绕组通以 50 Hz、220 V 的额定电压。调节轴向力测试平台的端部旋钮将定转子间气隙分别固定为 1.0 mm、1.5 mm、2.0 mm 和 2.5 mm。通过改变电涡流制动器的励磁电流，以调节转子负载转矩。当电机达到带载稳定运行时，定子绕组单相电流、定转子间轴向电磁吸力、转矩和输出功率的实验测量结果和部分理论仿真结果如图 5-14(a)、(b)、(c) 和 (d) 所示。可见，与空载运行类似，负载运行时，盘式电机的定子相电流随着定转子间气隙厚度的增加而变大；定转子间轴向电磁吸力随着气隙厚度的增加而逐渐减小。当气隙厚度固定时，根据常规三相异步电机的工作特性曲线，在一定转速范围内，随着转子转速的下降即转差的变大，稳态定子相电流和输出转矩有增加的趋势；定转子间轴向电磁力则有逐渐减小的趋势。输出功率则随着转速的下降呈现出先增加后减小的趋势，并在转速为 1 130 r/min 时达到最大值。由于有限元数值模型忽略了诸如电机机械损耗、温升效应等实际因素，可以发现其计算结果与实验计算结果存在差异。但从整体变化趋势看，电机带载运行时的理论仿真结果基本符合实验测量结果，验证了有限元数值建模的正确性。

值得注意的是，空载运行时定转子间的轴向电磁力为最大值，定转子间的轴向电磁吸力随着转速的下降有逐渐减小的趋势。这是因为由于铁磁材料铁芯的存在，盘式电机定转子间的轴向电磁力一般表现为较大的吸引力。相对于空载运行，当电机带载运行时转速下降，转差增大，转子鼠笼导体感应出的转子电流增加。根据楞次定律，其感生的转子磁场会阻碍定子磁场变化，不仅产生了感生的电磁转矩，还会产生令定转子相互排斥的轴向电磁力。转子感应电流越大，这个轴向排斥力就越大。因而，在抵消一部分轴向电磁力后，电机负载运行时定转子间轴向电磁吸力会有所减小，且随着负载转矩的增加（或转速的下降），轴向电

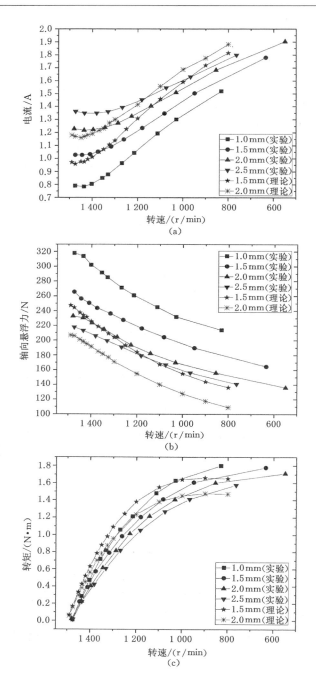

图 5-14　负载条件下电机运行参数—转速特性计算结果与实验测量结果

磁力会进一步减小。关于定转子间轴向电磁吸力的结论,不仅对超导磁悬浮低温潜液泵的悬浮体转子稳定运行非常重要,也对常规盘式电机止推轴承选取及寿命计算、制动盘式电机的制动弹簧选型等具有一定参考价值。

5.3.3　空载变频调速

由前文定转子间轴向电磁力计算公式可得:一个既定的盘式电机,其轴向电磁力主要与其气隙磁通密度幅值相关。若能维持气隙磁通密度恒定,则可以保持轴向电磁力基本不变。因而采用变频控制器驱动三相异步盘式电机,以恒压频比(v/f 值为恒定)电源对三相异步盘式电机供电和变频调速,假设定转子间的稳定工作气隙约为 2 mm,通过设置适当 v/f 值可使电机轴向力大小保持基本恒定,且在调速过程中轴向力变化在超导磁悬浮轴承的自稳定性调节范围内,又有助于超导磁悬浮低温潜液泵在不同工况下的高效运行。

变频控制电源条件下盘式电机的工作特性和电磁力特性会与 50 Hz 标准三相交流电压源有所不同。由前文得出结论,空载运行条件下盘式电机定转子间轴向电磁吸力最大,因此超导磁悬浮低温潜液泵主要关注电机空载条件下轴向电磁力大小。为此,在 ABB ACS355 变频器的标量控制模式下,开展实验测量盘式电机的空载工作特性和轴向电磁力特性随频率的变化情况。图 5-15 给出了三种情况(1:$U=380$ V,气隙厚度为 2 mm;2:$U=220$ V,气隙厚度为 2 mm;3:$U=220$ V,气隙厚度为 1.5 mm)下,盘式电机定子绕组线电压和空载转速、定子相电流、输入有功功率和轴向电磁力随着变频器输出频率的变化情况的实验测量结果。

可见,三种情况下盘式电机定子绕组线电压及空载转速、定子相电流、输入有功功率和轴向电磁力随着变频控制器输出频率的变化趋势基本相同。随着变频控制器输出频率的增加,定子绕组线电压、空载转速呈线性增加的趋势。第一种情况下定子相电流、输入功率和定转子间轴向电磁力均有逐渐增加的趋势;第二种情况和第三种情况下,三个变量随着频率的增加稍有增加,相对而言可以近似认为三个工作参数基本不变。在频率为 30 到 50 Hz 的范围内,这两种情况下轴向电磁力随着频率的变化程度均很小,这也证明了采用变频控制电源对盘式电机进行恒压频比(v/f 值为恒定)控制调速时,对于稳定电机定转子间轴向电磁力和悬浮体系统受力具有重要作用。

综上表明,室温条件下三相异步盘式电机的工作特性和电磁力特性仿真计算结果和试验测量结果基本吻合,表明了所建立的三维有限元数值模型的合理性。下一节将基于此模型,开展液氮低温环境下,低温泵用轴向磁通盘式电机的低温电磁力特性和工作特性研究。

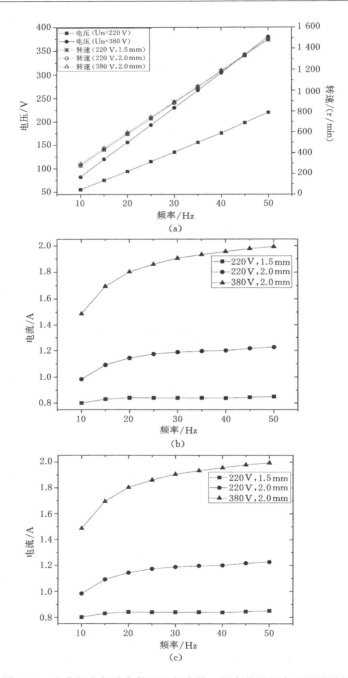

图 5-15　空载恒定气隙条件下运行参数－频率特性的实验测量结果

5.4 低温下电机的电磁力特性的仿真分析

基于低温环境下电机材料电磁特性的实验测量结果,本节将忽略低温环境对电机定转子铁芯导磁特性的影响,主要考虑液氮低温环境对导体材料铜和铝电导率的影响,仿真计算液氮低温环境下轴向磁通盘式电机的电磁力特性和工作特性。

5.4.1 空载条件下不同气隙

按照 5.2.1 节获得盘式电机铁芯材料的低温损耗特性和导体材料的电导率参数,修改室温有限元模型中定子绕组铜材料和转子鼠笼铸铝的电阻率、定转子卷绕硅钢铁芯的损耗特性。假设低温条件下电机等效电路中的漏感和励磁电感与室温时的数值相同,建立液氮低温环境下三相异步盘式电机的三维有限元数值模型,仿真计算其基本低温工作特性和低温电磁力特性。

图 5-16 为液氮低温和室温环境下,盘式电机空载运行时定子 A 相电流、定转子间轴向电磁力、输入功率随着定转子间气隙厚度的变化规律。可见液氮低温环境下,三个变量随着气隙厚度的变化呈现出与室温环境下相同的单调变化趋势:随着气隙厚度的增加,定子相电流和输入功率逐渐增加;定转子间轴向电磁力则逐渐减小。只是低温环境下的电机空载时的定子 A 相电流、定转子间轴向电磁力略大于室温情况下的值,但低温环境下的输入功率则明显小于室温情况。这是由于受低温环境影响,定转子等效电阻值大幅度减小,使得定子相电流增加,进而使气隙磁通密度和轴向电磁力变大。但定转子等效电阻值的减小幅度大于定子相电流的增加幅度,故低温环境下电机的输入功率要小于室温情况下的输入功率。

5.4.2 负载条件下不同转速

通过设定仿真模型中不同的转子转速,仿真分析盘式电机带载稳定运行时的定子 A 相电流、定转子间轴向电磁力、转矩和输出功率随着转子转速的变化规律。图 5-17 给出了当工作气隙为 1 mm 和 2 mm 时,液氮低温环境和室温环境下,上述 4 个量随着转子转速的变化规律。通过对比 4 个量随转速的变化曲线可以发现:气隙厚度基本不改变各个变量的曲线形状即变化趋势,只影响其数值大小。而对比液氮低温和室温环境的曲线可以发现:液氮低温环境不仅显著影响每个量的曲线形状即变化趋势,还明显地改变了其数值大小。如图 5-17(a)所示,与图 5-16(a)所示空载运行情况(液氮低温环境使定子相电流出现小幅度增加)相比,电机带载运行时,低温液氮环境使定子相电流出现较大幅度的增加。

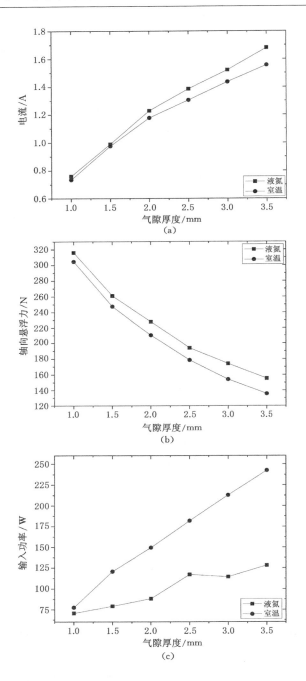

图 5-16　空载条件下盘式电机运行参数-气隙特性的计算结果（室温和液氮）

　　这是因为相对于空载运行,电机带载运行时,低温液氮环境对转子电阻的降低效应更为明显。图 5-17(b)表明无论气隙大小和温度环境如何,定转子间轴向电磁吸力随着转子转速的变大呈现单调增加的趋势。图 5-17(c)所示转矩-转速关系则呈现出与图 5-17(d)输出功率-转速类似的变化趋势。可以通过建立三相盘式异步电机的简化等效电路解释这些变化,尤其是图 5-17(c)中液氮低温环境对盘式电机机械特性的影响。图 5-18 所示为三相盘式异步电机的 T 型等效电路模型。图中 U_s,I_s,I_m,I'_r 分别为定子相电压、定子相电流、励磁电流和转子等效电流;R_s,R_m,R_r 分别为定子侧等效电阻、励磁电阻和转子侧等效电阻;X_s,X_m,X_r 分别为定子漏抗、励磁电抗和转子漏抗;s 为转差率。

　　根据等效电路可以计算得到三相盘式异步电机的电磁转矩 T_e 和转差率 s 的关系曲线,用于定性分析电机的机械特性。

　　由等效电路可得归算到定子侧的转子等效电流 I'_r 为

$$\dot{I}'_r = -\dot{I}_s \frac{Z_m}{Z_m + Z'_r} = -\frac{\dot{U}_s}{Z_s + cZ'_r} \approx -\frac{\dot{U}_s}{(R_s + c\dfrac{R'_r}{s}) + \mathrm{j}(X_{s\sigma} + cX'_{r\sigma})}$$

(5-7)

式中,$\dot{U}_s$ 为定子相电压;$\dot{I}_s$ 为定子相电流;Z_m 为励磁阻抗,$Z_m = R_m + X_m$;Z_s 和 Z'_r 分别为定子和转子的等效阻抗,$Z_s = R_s + X_{s\sigma}$,$Z'_r = R'_r/s + \mathrm{j}X'_{r\sigma}$;$c$ 是一个系数,$\dot{c} = 1 + \dfrac{Z_s}{Z_m} \approx 1 + \dfrac{X_{s\sigma}}{X_m}$,$c = |\dot{c}| \approx 1 + \dfrac{X_{s\sigma}}{X_m}$。

　　由转子侧等效电流可得出电机的电磁功率 $P_e = mI'^2_r \dfrac{R'_r}{s}$,用电磁功率除以电机的同步角速度 $\omega = 2\pi f$ 可以获得电机的电磁转矩

$$T_e = \frac{m}{2\pi f} \frac{U_s^2 \dfrac{R'_r}{s}}{(R_s + c\dfrac{R'_r}{s})^2 + (X_{s\sigma} + cX'_{r\sigma})^2}$$

(5-8)

式中 m 为相数。将不同的转差率 s 带入该公式便可算出对应的电磁转矩。当转差率 $s=1$ 时,即可获得电机的启动转矩

$$T_{st} = \frac{m}{2\pi f} \frac{U_s^2 R'_r}{(R_s + cR'_r)^2 + (X_{s\sigma} + cX'_{r\sigma})^2}$$

(5-9)

　　由于 $(R_s + cR'_r)^2$ 远小于 $(X_{s\sigma} + cX'_{r\sigma})^2$,可以近似认为启动转矩为

$$T_{st} \approx \frac{m}{2\pi f} \frac{U_s^2 R'_r}{(X_{s\sigma} + cX'_{r\sigma})^2}$$

(5-10)

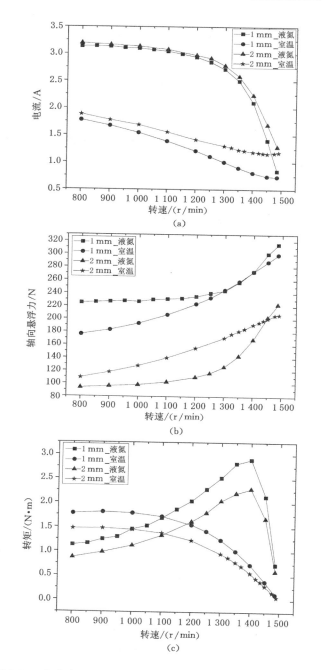

图 5-17　负载条件下运行参数-转速特性计算结果(室温和液氮)

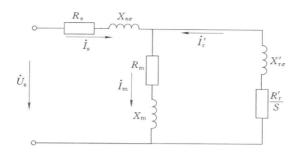

图 5-18　三相盘式异步电机单相等效电路

可见电机的启动转矩与转子电阻直接相关。相对于室温环境,低温环境下盘式电机的转子电阻大幅减小,故液氮低温环境下盘式电机的启动转矩比室温时会减小很多。

令

$$\frac{\mathrm{d}T_e}{\mathrm{d}s} = 0 \tag{5-11}$$

即可求出电机最大电磁转矩 $T_{\max}$ 对应的转差率,即临界转差率 s_m

$$s_m = \frac{cR'_r}{\sqrt{R_s^2 + (X_{s\sigma} + cX'_{r\sigma})^2}} \approx \frac{cR'_r}{X_{s\sigma} + cX'_{r\sigma}} \tag{5-12}$$

可见,低温环境下,转子电阻 R_r 的大幅减小会引起电机最大电磁转矩对应的临界转差率 s_m 降低。将临界转差率 s_m 代入到式(5-8),可以获得的最大电磁转矩 $T_{\max}$

$$T_{\max} = \frac{m}{2\pi f} \frac{U_s^2}{2c\left[R_s + \sqrt{R_s^2 + (X_{s\sigma} + cX'_{r\sigma})^2}\right]} \approx \frac{m}{4\pi f} \frac{U_s^2}{2c\left[R_s + (X_{s\sigma} + cX'_{r\sigma})\right]}$$

$$\tag{5-13}$$

低温环境使得电机的定子电阻 R_s 大幅减小,使得最大电磁转矩 $T_{\max}$ 的分母项 $2c\left[R_s + \sqrt{R_s^2 + (X_{s\sigma} + cX'_{r\sigma})^2}\right]$ 比常温时减小。但因为定子电阻 R_s 的值相对于 $(X_{s\sigma} + cX'_{r\sigma})$ 的值较小,使得 $T_{\max}$ 的分母项减小幅度有限,故低温环境下,盘式异步电机的最大电磁转矩会有所增加但增加幅度不大。

综上可得,从定性角度分析,相对于常温环境,当三相盘式异步电机工作于液氮低温环境时:一方面,低温环境会大幅度降低盘式电机转子电阻 R_r,进而使其启动转矩大幅减小,同时造成最大转矩对应的临界转差率大幅减小,恶化了电机的低温运行性能;另一方面,低温环境也大幅度降低了电机定子电阻 R_s,使得盘式电机的最大转矩有所增加,但增加幅度有限。这在一定程度上提高了电机的过载能力,并有利于拓宽电机的变频调速范围。上述定性分析结论很好地解释了图 5-17(c)中低温环境对三相盘式异步电机的转矩-转速特性的影响趋势。

5.4.3　暂态启动特性

为研究低温环境对三相异步盘式电机启动暂态过程的影响,对空载和恒定负载情况下暂态启动过程进行有限元数值仿真。图 5-19 和图 5-20 所示分别给出了空载和恒定负载(0.3 N·m)两种情况下,液氮低温环境和室温环境中三相异步盘式电机启动过程中 A 相电流、定转子间轴向电磁力、输出转矩和转子转速随时间的瞬态变化情况。可见,如前文所述低温环境会大幅度减小电机的启动转矩。无论盘式电机在空载还是恒定负载条件下启动,液氮低温环境下到达稳态运行所需时间明显大于室温环境的启动时间(空载情况和负载情况下启动时间相差约 0.5 s)。受转子机械惯量影响,力学参数如定转子间轴向电磁力、输出转矩和转子转速滞后于电磁参数如定子 A 相电流进入稳态。

5.4.4　转子偏心径向力特性

在超导磁悬浮低温盘式电机潜液泵中,三相异步盘式电机转子作为悬浮体转子旋转运行时,受到如叶轮与液体介质的相互作用力等外界干扰,电机转子不可避免地出现径向偏心。转子偏心主要分为静态偏心和动态偏心两种,本节主要研究较为简单的静态偏心状态,分析液氮低温环境下,三相异步盘式电机的轴向电磁力和径向偏心力大小及其随着径向偏心位移的变化规律。

空载条件下,不同定转子间气隙厚度时,设置三相盘式异步电机转子径向偏心位移(以沿着 Y 轴正方向为例)分别为 0、0.5、1、1.5、2、2.5 mm 时,对电机径向偏心状态进行仿真计算。获得定子相电流、定转子间轴向电磁力、径向偏心力和输入功率随着转子径向偏心位移的变化情况,如图 5-21 所示。可见,无论定转子间气隙厚度为多少,转子发生不同程度的径向偏心时,定子相电流、定转子间轴向电磁力和输入功率均未发生明显变化。这是因为相对于电机的主要尺寸,0~2.5 mm 的径向偏心位移很小,其变化对电机普通工作参数的影响可以忽略不计。尽管定转子间径向偏心力的数值不大,却随着转子偏心位移的增加而显著变大,且径向偏心力始终为负值,即沿着 Y 轴负方向。也就是说,当盘式电机转子沿径向方向发生偏心时,定转子间会产生一个相反方向的回复性径向电磁力,试图将转子拉回中心位置。

同样,在负载条件下设置三相盘式异步电机转子径向偏心位移分别为 0、0.5、1、1.5、2、2.5 mm。当定转子间气隙厚度恒定为 1.5 mm 时,通过设置不同转子转速(1 495 r/min,1 450 r/min,1 400 r/min),仿真计算负载条件下,转子沿径向偏心稳态运行时,定转子间轴向电磁力和径向电磁力随转子径向偏心位

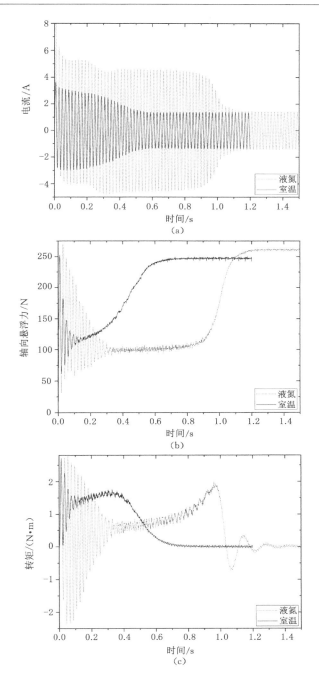

图 5-19　空载条件下暂态启动运行参数-时间关系计算结果（室温和液氮）

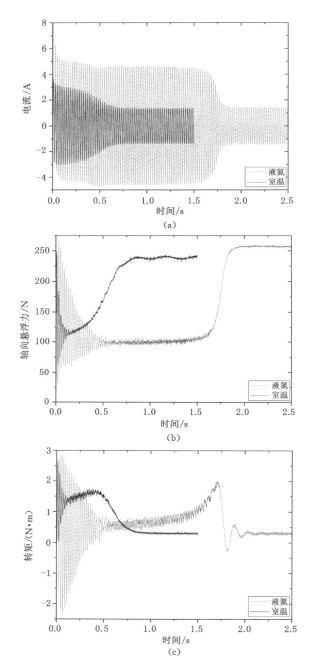

图 5-20 额定负载条件下暂态启动过程运行参数-时间关系计算结果（室温和液氮）

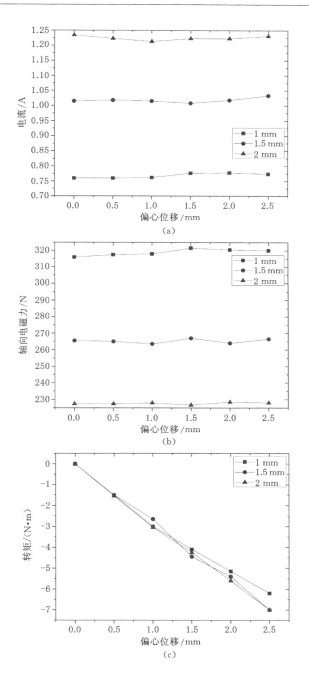

图 5-21　空载条件下运行参数随转子偏心度的变化情况

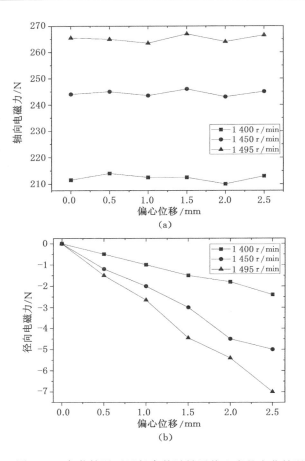

图 5-22　负载情况下运行参数随转子偏心度的变化情况

移的变化情况,如图 5-22 所示。可见,不同转速时的定转子间轴向电磁力和径向电磁力存在一定区别:与前文讨论的轴向电磁力-转速关系类似,当转子发生径向偏心时,在一定转速范围内,轴向电磁力随着转速的增加(负载的减小)而逐渐变大;随着径向偏心位移的增大并无明显变化。径向电磁力也随着转速的增加而逐渐变大;随着径向偏心位移的增大而逐渐变大。

总的来说,三相异步盘式电机转子发生径向偏心时,定转子间会产生一个与偏心方向相反的回复性径向电磁力,试图将转子拉回中心位置。径向电磁力的这一特性将有助于超导磁悬浮低温盘式电机潜液泵悬浮体转子的稳定悬浮。

5.5　本章小结

本章提出将轴向磁通三相异步盘式电机用于低温液体泵,采用"泵机合一"的盘式电机泵结构,利用定转子间轴向电磁悬浮力减小轴承轴向负荷,抵消叶轮与介质间轴向相互作用力。针对低温环境对电机导磁材料和导电材料电磁特性的影响,实验测量了室温和液氮低温液氮环境下电机硅钢带卷绕铁芯的磁化特性和损耗特性、导体材料的电阻率和绕组单相电阻。与室温条件相比,当磁路不饱和时,硅钢带卷绕制成的铁芯在液氮低温环境下的磁化特性基本无变化;但低温条件下硅钢带卷绕铁芯的电导率却大幅度增加,使得铁芯涡流损耗有所增加。另外,液氮低温环境下电机单相电阻约减小为室温环境时的 $1/7.8$。

采用软件 Maxwell 建立室温环境下三相异步盘式电机的三维有限元数值模型,计算其基本工作特性和电磁力特性。采用工频对称三相电源供电情况下,电机空载和负载运行时,定转子间轴向电磁力均随着气隙厚度的增加而逐渐减小。当气隙厚度固定时,在一定转速范围内,定转子间轴向电磁力随转差的增加而逐渐减小。采用恒压频比电源对电机进行供电和变频调速时,在频率为 30 Hz 到 50 Hz 的范围内,电机空载运行的轴向电磁力随着频率的变化程度很小,可近似认为恒压频比调速能保持轴向电磁力基本恒定。这对于稳定定转子间轴向电磁力和悬浮体系统受力具有重要作用。通过搭建的盘式电机电磁力特性测量平台进行室温环境下电机运行特性的测量实验,验证了所建三维数值模型的正确性。

考虑液氮低温环境对定子绕组铜导体和转子鼠笼铸铝电导率的影响,建立液氮低温环境下三相异步盘式电机的三维有限元数值模型,仿真计算低温环境下电机的电磁力特性和工作特性。低温环境下电机空载运行时,定转子间轴向电磁力随着气隙厚度的增加呈现与室温环境下相同的单调减小趋势。但低温环境下定转子间轴向电磁力略大于室温情况下的值。电机带载运行时,无论气隙厚度和温度环境如何变化,定转子间轴向电磁力随着转速的变大呈现单调增加的趋势。对于电机在空载或恒定负载条件下的启动过程,液氮低温环境下达到稳态运行所需时间明显大于室温环境下的启动时间。当盘式电机转子发生径向偏心时,定转子间会产生一个与偏心方向相反的回复性径向电磁力。径向电磁力随着径向偏心位移的增大而逐渐变大;随着转速的增加而逐渐变大。这一特性试图将转子拉回中心位置,有助于超导磁悬浮低温盘式潜液泵悬浮体转子的径向稳定悬浮。

第6章　超导磁悬浮低温潜液泵转子力学特性分析与样机试验

6.1　超导磁悬浮低温潜液泵的结构与原理

6.1.1　结构介绍

传统低温液体泵存在轴承润滑困难和低温工作寿命短的问题,且中小型泵机分离式结构的低温液体泵难以保证电机和泵体在低温环境中的同轴度以及无泄漏的旋转密封。为此,鉴于低温液体泵的潜液式发展趋向、盘式电机泵的结构优势和超导磁悬浮轴承用于低温泵轴承的优势,提出一种由轴向磁通盘式电机驱动的超导磁悬浮低温潜液泵新结构,如图6-1所示。超导磁悬浮低温潜液泵系统整体采用立式结构并潜于低温液体中,泵固有的低温工作环境可以直接为超导体提供浸泡冷却条件。

超导磁悬浮低温潜液泵主要包括可升降的定子主轴——超导定子调节螺杆(超导定子固定于其上)、轴向和径向型永磁辅助轴承(用于轴向卸载和径向约束)、轴向磁通盘式电机(提供驱动转矩)、内定子外转子形式的径向式高温超导磁悬浮轴承、泵体及叶轮、机械保护轴承等。将轴向磁通盘式电机的转子、泵的叶轮和超导磁悬浮轴承的永磁转子固定连接在一起作为悬浮体转子。永磁辅助轴承定子与永磁辅助轴承转子构成一个径向型永磁轴承,提供约束叶轮-转子悬浮体的径向悬浮力;永磁辅助轴承定子与超导磁悬浮轴承永磁转子构成一个轴向型永磁轴承,提供用于叶轮-转子悬浮体止推的轴向悬浮力。其中超导定子调节螺杆和永磁定子调节螺杆具有螺杆结构,分别用于调整超导磁悬浮轴承定子和永磁辅助轴承定子的轴向高度,实现调节超导磁悬浮轴承的场冷位置和永磁辅助轴承提供的轴、径向悬浮力大小。超导磁悬浮轴承的内超导定子固定在一个锥形底座上,该锥形底座具有定心和轴向限位的辅助保护作用,可以有效防止悬浮体转子发生扫膛和碰撞。另外,轴向磁通盘式电机的定子和转子间存在相互作用的轴、径向电磁力。轴向电磁力可以补偿泵液产生的部分轴向力和叶轮-

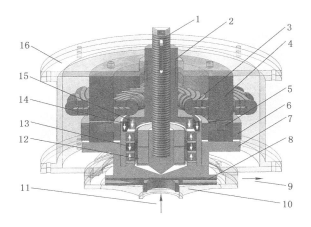

1—超导定子调节螺杆；2—永磁定子调节螺杆；3—电机定子绕组；4—电机定子铁芯；
5—电机转子铁芯；6—电机转子导体；7—转子基座；8—叶轮；9—出口；10—泵壳；
11—入口；12—超导磁悬浮轴承内超导定子；13—超导磁悬浮轴承外永磁转子；
14—永磁辅助轴承转子；15—永磁辅助轴承定子；16—机壳
图 6-1　超导磁悬浮潜液式低温液体泵结构

转子悬浮体的自重；径向电磁力则具有回复性，总是试图将转子拉回中心位置，有助于超导磁悬浮低温盘式潜液泵悬浮体转子的径向稳定悬浮。

6.1.2　工作原理

　　轴向磁通盘式电机转子、叶轮和超导磁悬浮轴承的永磁转子固定连接在一起作为悬浮体转子，在高温超导磁悬浮轴承和辅助轴承系统的支撑下处于稳定悬浮状态。当盘式电机定子三相对称绕组通电以后产生旋转磁场，会驱动悬浮体转子以一定转速旋转，实现完全无接触转矩传动和无摩擦旋转运行。转子带动叶轮旋转对液体做功从而实现低温液体的泵送。该系统的整体结构与盘式电机驱动的超导磁悬浮真空泵[42]和超导磁悬浮飞轮储能系统的典型结构类似[151,152]，这一定程度上表明该结构在理论上的可行性。由于低温泵所处低温液体工作环境可以直接给超导磁悬浮轴承的定子超导体提供冷却条件，从而省去冷却超导体所需的制冷装置。所述超导磁悬浮低温潜液泵新结构不仅解决了低温液体泵的低温轴承及润滑问题；由于泵潜于低温液体下，其具有噪声低、无旋转轴封无泄漏的优点。一定黏度的低温液体带来的流体阻尼效应，更有利于悬浮转子的稳定运行。

　　所述轴向磁通盘式电机驱动的超导磁悬浮低温潜液泵还在如下几个方面具有独特的优势：

① 采用轴向磁通盘式电机驱动低温泵可以极大地减小泵机的轴向尺寸和占用空间；定子直接驱动转子-叶轮悬浮体旋转工作，消除中间复杂的机械传动轴或磁耦合装置，降低泵的结构复杂程度、提高系统工作可靠性。

② 利用超导磁悬浮轴承提供的自稳定悬浮力，实现转子-叶轮悬浮体的完全无接触、无摩擦悬浮运行。解决了低温泵或低温电机采用常规轴承在低温环境下润滑困难、材料变脆和机械强度降低的问题，且更有利于电机泵系统实现低温环境下的高速运行。

③ 采用潜液式低温电机泵可以有效解决传统泵机分离式结构低温液体泵存在的两个主要问题：伸长轴结构在低温环境下不同，材料的收缩比不同，引起泵各部件的同轴对齐问题；难以实现无泄漏的旋转密封。

④ 借助超导磁悬浮轴承系统的轴向悬浮力、径向导向力和低温盘式电机定转子间的轴向及径向电磁力实现低温泵的轴向力和径向力平衡机制，可以省去常规低温泵中复杂的轴向、径向负荷平衡措施，简化泵的结构、降低生产和维护成本。

可以认为所提出的超导磁悬浮低温潜液泵轴承系统主要包括：径向型高温超导磁悬浮轴承、轴径向永磁辅助轴承和轴向磁通电机定转子构成的轴向式电磁轴承。因而，超导磁悬浮低温潜液泵的关键技术为悬浮体转子在超导磁悬浮轴承系统的支撑下实现自稳定悬浮和旋转，即超导磁悬浮轴承和永磁辅助轴承[95]、低温盘式电机的协同稳定运行。

6.2　低温泵转子-叶轮悬浮体的力学特性分析

6.2.1　永磁辅助轴承的悬浮力

如图 6-2 所示的径向超导磁悬浮轴承的永磁转子(13)和永磁辅助轴承转子(14)固定在一起，永磁定子调节螺杆上的永磁轴承定子(15)分别与(13)和(14)构成轴向型永磁悬浮轴承和径向型永磁悬浮轴承。永磁辅助轴承定、转子的磁体形状均与超导磁悬浮轴承永磁转子(13)的磁环相同，但磁化方向与永磁转子(13)最上层磁环的极性相对。轴向型永磁悬浮轴承和径向型永磁悬浮轴承分别提供约束叶轮-转子悬浮体的轴向悬浮力和径向悬浮力。在软件 COMSOL 中分别建立永磁辅助轴承的二维和三维静态参数化有限元仿真模型，计算其轴、径向悬浮力。图 6-3 所示为永磁辅助轴承提供的轴、径向悬浮力有限元仿真计算结果和实验测量结果。可见，随着定转子间轴向间隙的减小，排斥型轴向悬浮力迅速增大，可用于轴向卸载，对悬浮体进行轴向限位保护，防止定转子间的扫膛或碰撞损坏永磁体。若设额定工作气隙为 2 mm，此时，永磁悬浮轴承所提供的轴向悬浮力约为 230 N。当然,此时若转子发生径向偏心,其也会承受一定的径向偏心力。相对轴向斥力而言,尽管该径向偏心力数值很小,但径向悬浮力同样属于斥力型,随着转子径向偏心位移的增加,径向偏心力逐渐增大,即会阻碍转子的进一步偏心,有利于径向稳定。

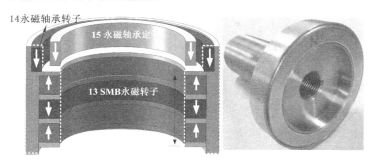

图 6-2　轴向式永磁悬浮轴承样机

6.2.2　叶轮与流体作用力

6.2.2.1　叶轮选型

初步选取常规小型潜水电泵 QDX 1.5-7-0.12(流量 Q 为 1.5 m³/h,扬程 H 为 7 m,额定功率 P_N 为 0.12 kW)作为超导磁悬浮低温潜液泵的主要设计参考。此处不再进行叶轮和泵壳的水力设计和流体分析等。图 6-4 所示为 QDX 1.5-7-0.12 小型潜水电泵的泵体叶轮和蜗壳。叶轮为径流式离心泵常用的半闭式叶轮结构,叶轮盖板上有 6 个具有一定叶片角度的后弯式曲面状叶片,固定在叶轮的前后盖板之间。这种形状的叶片可降低介质流动损耗、提高泵的效率。叶轮位于一个螺旋形蜗壳中,从蜗舍开始,沿叶轮旋转方向,叶轮外缘与蜗壳内壁之间的流道逐渐变宽,蜗壳的过流面积逐渐增大。旋转的叶轮将低温液体从蜗壳入口处吸入并在旋转离心力的作用下沿周向高速甩出。由于液体流道的横截面积逐渐变大,从叶轮周围高速甩出的低温液体将逐渐减速,z 部分动能会转换为静压能使介质以一定压强从泵的蜗壳出口处泵出。蜗壳和叶轮的材质分别为304 奥氏体不锈钢和硬铝,均可工作于液氮低温环境,故此处直接选用小型潜水电泵的叶轮和蜗壳作为超导磁悬浮低温潜液泵的叶轮和蜗壳。

6.2.2.2　流体作用力估算

离心泵的叶轮在低温流体介质中旋转时,叶轮与流体之间会产生相互作用力,主要可分为轴向相互作用力和径向相互作用力。根据泵的规格参数和叶轮具体几何尺寸,结合经验计算公式、数值仿真或查阅相关泵技术手册可以对径向力和轴向力进行估算,并据此判断超导磁悬浮轴承系统的主要设计参数和指标

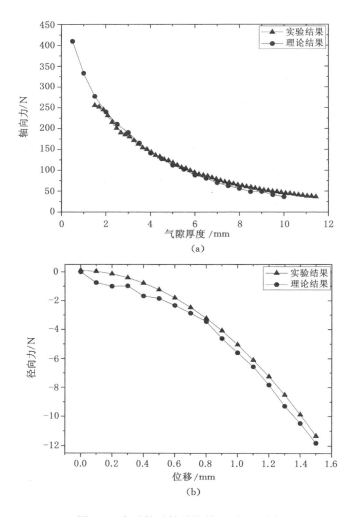

图 6-3　永磁辅助轴承的轴、径向悬浮力

是否合适,以及能否约束叶轮稳定旋转。

（1）离心泵叶轮的轴向力

在离心泵中,液体介质以低压进入叶轮,而在高压下流出叶轮。由于出口压力大于进口压力及叶轮前后盖板的不对称,使得叶轮两侧液体压力不同,从而产生了叶轮与流体间的轴向相互作用力。离心泵叶轮承受的轴向力有两个主要部分：① 因叶轮前后盖板两侧液体压力分布不同而引起轴向力 F_{1zw},该力指向叶轮吸入口方向；② 因液体流入和流出叶轮的方向与速度不同,而产生动反力

叶轮　　　　　　　　　　　　　　　　蜗壳

图 6-4　低温液体泵的叶轮与蜗壳

F_{2zW}，该力指向叶轮后面。则总的轴向力可近似为 $F_{zW} = F_{1zW} - F_{2zW}$。对于一般的离心泵，$F_{1zW}$ 较大而 F_{2zW} 很小，所以总的轴向力的方向总是指向叶轮吸入口方向，轴向力大小可按照下式进行估算[153]

$$F_{zW} = k\rho g H_1 \pi (R_m^2 - R_h^2) i \tag{6-1}$$

式中 F_{zW} 为叶轮与流体相互作用的总轴向力，N；ρ 和 g 分别为泵工作介质的密度和重力加速度；H_1 为泵的单级扬程，m；R_m 为叶轮密封环半径，m；R_h 为叶轮轮毂半径，m；i 为泵的级数；k 为经验系数，其值可以由泵的比转速确定，如表 6-1 所示。

表 6-1　不同比转速的经验系数 k

比转速 N_s	30～100	100～220	240～280
k	0.6	0.7	0.8

　　轴向力的存在可能导致泵体轴系轴向窜动，转动部件与固定部件之间发生碰撞和磨损，甚至引起故障发生，如轴承烧毁、轴封损坏等。常用的轴向力平衡措施有：止推轴承、叶轮对称布置、平衡孔、平衡叶片、平衡鼓盘等方法。一般各种平衡措施，只能平衡掉轴向力的大部分或其中的恒定部分，剩余的小部分轴向力随泵工作点不同而发生变化，该部分力很难精确计算预测，因而仍需安装止推轴承来承受这部分变化的轴向力。在超导磁悬浮低温潜液泵中，可采用径向超导磁悬浮轴承系统承担此部分轴向力。

　　（2）离心泵叶轮的径向力

　　离心泵叶轮的径向力可认为是叶轮周围流场对叶轮产生的径向作用力。当叶片旋转过不同角度，产生的径向力也随之变化，因而使泵轴受到交变应力的作用，将直接影响到泵轴和转子的工作稳定性。此外，径向力会使泵的轴封间隙变得不均匀,进而可能导致泵的密封泄漏。若离心泵叶轮的径向力过大,还会引起泵运转时振动增强、噪音变大、轴承磨损加快等问题,甚至缩短泵的工作寿命。因此,很有必要分析叶轮所承受的径向力。叶轮与流体间相互作用的径向力可以按下式计算

$$F_{rw} = 9.81K_r HD_2 B_2 \times 10^3 \tag{6-2}$$

其中,F_{rw}为叶轮与流体相互作用的总径向力,N;H为离心泵的扬程,m;D_2为叶轮的外径,m;B_2为包括盖板的叶轮出口宽度,m;K_r为实验系数,可以由图6-5查取,或者按照 Steponoff 公式[154]计算。

$$K_r = 0.36\left[1 - \left(\frac{Q}{Q_N}\right)^2\right] \tag{6-3}$$

式中,Q为流量;Q_N为额定工况下泵的流量。关于径向力的方向请参照文献[153],此处不再赘述。

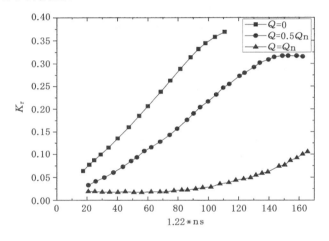

图 6-5　径向力计算实验系数与比转速及流量的关系

　　与叶轮的轴向力类似,一般情况下,通过对泵的合理设计基本上可以消除离心泵在额定工作时产生的径向力。然而对于偏离额定工况下,离心泵叶轮就会产生较大的不平衡径向力作用于泵轴。通常采用如下几种平衡措施:① 合理设计压水室。可将压水室设计成双蜗壳结构或导叶加蜗壳结构来降低不平衡径向力;② 采用扩散器;③ 在加工叶轮的过程中,尽可能减小质量偏心;④ 合理设计滑动轴承等。当然,这些平衡措施也只能平衡掉径向力的大部分即其中的恒定部分。由于泵工作点不同而发生变化的那部分径向力,仍然需要由附加轴承承担。因此,针对低温工作环境对轴承的特殊需求,在超导磁悬浮低温潜液泵中,可以考虑由超导磁悬浮轴承、径向型永磁辅助轴承和盘式电机定转子间径向电

磁力共同承担叶轮-转子的径向作用力。

6.2.3　悬浮体转子的力学特性与稳定性分析

考虑超导磁悬浮低温潜液泵的悬浮体转子受力平衡和工作稳定性，建立额定工况（工作气隙 2 mm，1350 r/min）下悬浮体转子的力学特性分析模型，如图 6-6 所示。除了恒定不变的力如悬浮体转子自身重力 G、低温液体提供的浮力 F_B 外，主要讨论以下几个动态变化的作用力：径向型超导磁悬浮轴承提供的悬浮力 F_{SMB}，轴向永磁悬浮轴承提供的悬浮力 F_{PMB}，盘式电机定转子间的电磁悬浮力 F_M，以及叶轮与流体介质间的相互作用力 F_W。这些力均包含轴向分量和径向分量，分别用下标 r 和 z 来表示。

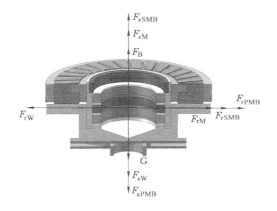

图 6-6　悬浮体转子的受力分析模型

如图 6-7 所示，在轴向方向上，首先是悬浮体转子承受的自重 G，流体介质提供的浮力 F_B，二者均为恒定值，不随转子工作间隙而改变。在 SolidWorks 中添加悬浮体转子不同部件的材料系数（如密度等），可以获得悬浮体转子的重量约为 14 N。再根据获得的体积和液氮密度可以得出液氮提供的浮力约为 1.7 N。悬浮体转子在某个固定工作间隙情况下，永磁辅助轴承提供的轴向推力 F_{zPMB} 和盘式电机定转子间轴向电磁吸力 F_{zM} 的大小基本相等，但方向却相反。而且，调节永磁定子调节螺杆改变轴向永磁辅助轴承的定转子间隙大小，可以调节轴向永磁辅助轴承产生的轴向推力大小，进而改变永磁辅助轴承的轴向推力-位移关系（相当于向左或向右平移图 6-7 中 F_{zPMB} 的悬浮力-位移曲线）。因此，考虑悬浮体转子的自重 G 和流体介质提供的浮力 F_B，通过调节永磁定子螺杆高度可以使 F_{zPMB} 基本抵消掉 F_{zM}，F_B 和 G。至于由离心泵旋转叶轮与流体间轴向作用力 F_{zW}，根据经验公式（6-1）可得 F_{zW} 随转速不同而改变，在额定工况下约为

25 N,方向为垂直向下。因此,如图 6-8 所示表示径向型超导磁悬浮轴承的轴向自稳定范围,在该大小区间范围内的垂直波动力,也就是 F_{zW} 和来自其他外部扰动的轴向负载,可由径向型超导磁悬浮轴承的轴向悬浮力 F_{zSMB} 进行平衡,实现悬浮体转子在轴向方向上的受力平衡和稳定。

$$\begin{cases} F_{zPMB} = F_{zM} + F_B - G \\ F_{zSMB} = F_{zW} \end{cases} \tag{6-4}$$

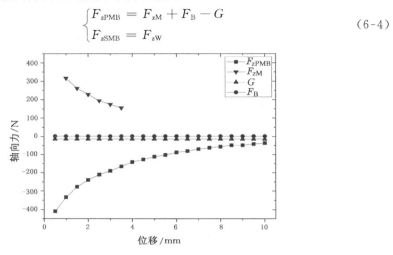

图 6-7　悬浮体转子轴向受力平衡情况

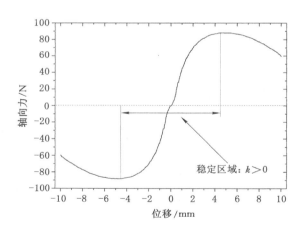

图 6-8　悬浮体转子轴向稳定工作区域

在径向方向上,若忽略悬浮体转子质量偏心导致的动不平衡,理论上叶轮旋转产生的径向力 F_{rW} 是唯一的径向负荷和径向不平衡力,且该力的大小和方向随着泵的工况不同而改变。采用 Stepanoff 经验公式计算额定工况下 F_{rW} 的大小约为 10 N。由第 5 章中得出,盘式电机转子发生径向偏心时,定转子间会产生一个回复性电磁力 F_{rM},具有自动对中能力[151],再结合径向型超导磁悬浮轴承的径向悬浮力 F_{rSMB} 以及径向永磁辅助轴承的径向悬浮力 F_{rPMB} 的自稳定性,在 3 个具有自稳定性的径向悬浮力共同作用下,平衡变化的径向负荷 F_{rW},如图 6-9 所示,可以实现悬浮体转子在较小偏心位移范围内径向方向上的受力平衡和稳定

$$F_{rSMB} + F_{rM} + F_{rPMB} = F_{rW} \tag{6-5}$$

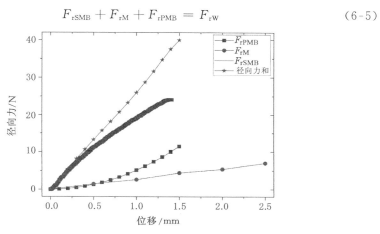

图 6-9　悬浮体转子径向受力平衡情况

考虑悬浮体转子的周向旋转力矩平衡,建立如下转矩平衡方程

$$T_M - T_f - T_m = J\omega \frac{d\omega}{dt} \tag{6-6}$$

式中,T_M 为盘式电机转子的驱动转矩;T_m 为超导磁悬浮轴承和永磁辅助轴承的阻转矩,其数值很小可以忽略不计;T_f 为悬浮体转子与低温液体间的摩擦转矩;J 为悬浮体转子的转动惯量,ω 为旋转角速度。三个转矩共同作用下,当悬浮体转子达到转矩平衡时,可实现悬浮体转子的恒速旋转运行。

盘式电机驱动的潜液泵系统轴系长度相对较短,且当盘状悬浮体转子以一定的转速运行时,由于陀螺效应的存在,相对而言要比轴系较长的转子更容易达到平衡稳定运行状态[155]。另一方面,由于悬浮体转子浸泡于低温液体中,液氮等低温流体的黏度系数要大于空气的黏度系数。因而,相对真空环境下运行的悬浮体转子,流体的阻尼作用更有利于悬浮体转子的稳定悬浮和振动抑制。

6.2.4　悬浮体转子的振动模态分析

随着振动分析理论的不断发展,现代工业实际应用越来越关注设备的振动特性,而不再仅仅是结构的静强度或动强度特性。为保证叶轮旋转设备的可靠

性和安全性,对其动态特性的要求逐渐提高,其中振动模态分析显得尤为重要[156,157]。

固有频率和振型是结构的振动模态分析中最重要的两个模态参数。结构趋向于振荡的频率为结构固有的振动频率,称为固有频率,最低的固有频率叫做基本频率。特定的固有频率对应唯一的振动形式叫做固有振动模态。设计结构时,应确保结构的固有频率不与激励频率相接近。通常可设计结构的固有频率在远离激振频率的 10%~20% 以上。为了使固有频率在合理范围内,可以通过修改几何结构、材料、避震特性或在适当的地方添加质量单元等方法来调整固有频率。通常,可以采用理论计算或实验测量获得固有频率和振型。模态分析(频率分析)就是以振动理论为基础、以模态参数为目标的分析方法。模态分析主要有以下三个用途:① 使结构设计避免共振或以特定频率进行振动;② 研究不同类型的动力载荷对结构振动的影响;③ 用于在其他结构动力学分析中计算求解控制参数(如时间步长)。针对叶轮转子的振动问题,模态分析主要计算结构的固有共振频率和振型,但不计算位移和应力。

超导磁悬浮低温潜液泵的叶轮-转子悬浮体,集成离心泵叶轮、轴向磁通盘式电机转子和超导磁悬浮轴承转子为一体,对其进行振动模态分析对于叶轮-转子悬浮体的稳定悬浮运行至关重要。本节将采用三维造型软件 SolidWorks 对叶轮-转子悬浮体的固有振动频率和振型进行有限元法数值研究。

6.2.4.1 自由约束条件下的模态分析

采用有限元法进行模态分析的本质就是将对象结构的物理模型转换为模态分析模型。在已知对象的几何形状、边界条件和材料属性的基础上,将结构离散化为有限元模型,求出单元刚度矩阵和质量矩阵,再据此求解出系统的模态参数。有限元法模态分析主要分为如下几个步骤:① 建立几何模型;② 划分网格;③ 加载和求解;④ 扩展模态;⑤ 查看结果和后处理。

超导磁悬浮低温潜液泵的悬浮体转子主要由离心泵叶轮、轴向磁通盘式电机的转子铁芯和铸铝鼠笼、超导磁悬浮轴承的永磁转子磁体和聚磁铁环、转子基座等固定连接在一起构成。采用三维造型软件 SolidWorks 建立叶轮-转子悬浮体的三维实体模型如图 6-10(a)所示。然后,在 SolidWorks Simulation 中建立相应的频率分析算例,各结构单元的材料力学属性参数(弹性模量、泊松比和质量密度等)如表 6-2 所示。由于零部件的紧密装配和低温胶黏接固定,轴向磁通盘式电机转子铁芯与铸铝鼠笼之间、永磁转子磁体和聚磁铁环之间的接触方式均采用无间隙接合。而转子铁芯、离心泵叶轮和永磁转子与转子基座之间采用螺栓固定,故相关接触方式采用插销接头方式。最后,进行网格剖分,获得叶轮-转子悬浮体模态分析的有限元模型,如图 6-10(b)所示。

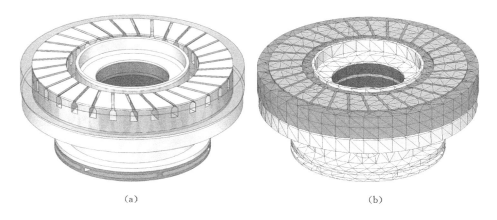

（a）　　　　　　　　　　　　　　　　　　　（b）

图 6-10　悬浮体转子三维模型和有限元模型

表 6-2　悬浮体转子材料力学特性参数

材　料	项　目		
	弹性模量/(N/m²)	泊松比	密度/(g/cm³)
钕铁硼	$15e+10$	0.24	7.4
纯铁	$15e+10$	0.291	7.87
硅钢	$19.7e+10$	0.26	7.65
铸铝	$7e+10$	0.33	2.7
硬铝合金	$6.9e+10$	0.33	2.7

　　自由模态分析是指在不考虑任何约束力影响的条件下,得到结构本身的固有特性,并初步了解结构本身的尺寸、材料、振动等情况。在自由约束条件即无任何外部载荷情况下,对超导磁悬浮低温潜液泵的悬浮体转子前 7 阶固有频率和振型进行有限元数值运算分析。经过数据处理后,列举悬浮体转子自由约束状态下的共振频率分析结果,如表 6-3 所示。相应悬浮体转子前 7 阶振动形式如图 6-11 所示。

表 6-3　悬浮体转子自由约束状态下的固有振动频率

模式号	1	2	3	4	5	6	7
频率/Hz	1.831	2.295	2.295	3.812 1	7.190 5	7.190 5	4 447.5

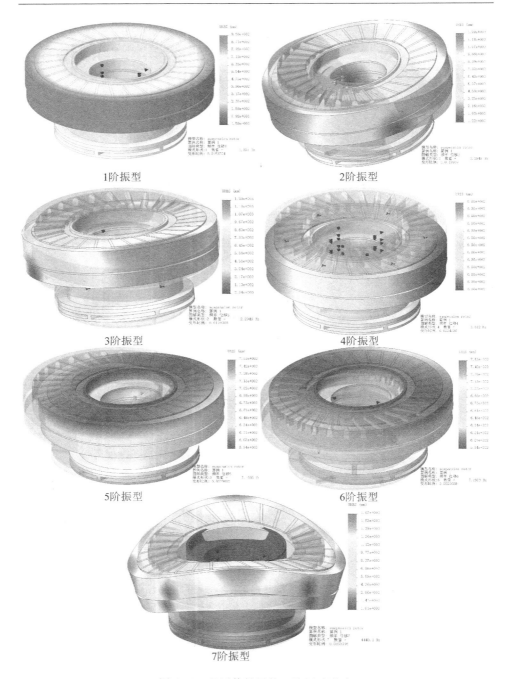

1阶振型

2阶振型

3阶振型

4阶振型

5阶振型

6阶振型

7阶振型

图 6-11 悬浮体转子前 7 阶振动形式

可见，超导磁悬浮低温潜液泵的叶轮-转子悬浮体在不受任何约束和外部载荷的情况下，有沿 X、Y、Z 轴的平动和转动，共 6 个自由度都存在独立的刚体运动，所以前 6 阶频率固有接近于零，相应前 6 阶振型图不存在明显变形，最大位移基本在边缘处。但第 7 阶振型图存在明显的变形，如图 6-11 所示。经分析，自由模态下各阶固有频率都不等于或不接近超导磁悬浮低温潜液泵激振力的基频及其倍频，所以不会出现共振现象。

6.2.4.2　预应力条件下的模态分析

同样的结构在不同的应力状态下会表现出不同的动力学振动特性。例如，一根琴弦随着拉力的增加，它的振动频率也随之增大。同理，涡轮叶片旋转时，由离心力引起的预应力作用，其自然频率会随转速增加而逐渐增大。泵的叶轮在离心力载荷和水压的共同作用下运行时，叶片产生拉伸变形，预应力模态与固有模态也有很大区别。为了恰当地设计和验证超导磁悬浮低温潜液泵的悬浮体转子结构，必须要做考虑预应力效应的模态分析。

在实际运行中，悬浮体转子承受着多种不同的载荷。由于自身的重力和浮力恒定且数值较小；叶轮、蜗壳等过流部件与流体介质的相互作用力也较小，因而均忽略不计。此处仅考虑悬浮体转子主要承受的超导磁悬浮轴承的轴向、径向悬浮力，永磁辅助轴承的轴向推力，盘式电机定转子间的轴向电磁吸力和周向转矩，以及转子旋转的离心应力等。图 6-12 所示为预应力作用下的悬浮体转子三维模型，按照各作用力的主要作用区域分别添加预应力载荷，载荷大小可根据前文获得的数值计算而得。

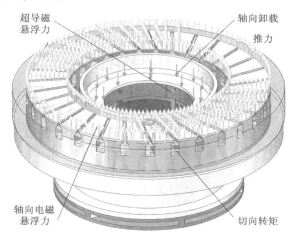

图 6-12　预应力作用下的悬浮体转子三维模型

通过考虑预应力效应的结构模态分析，当悬浮体转子以不同转速旋转时，其前 6 阶固有振动频率如图 6-13 所示。可见，悬浮体转子的前 3 阶模态的振动频率与转子旋转及其引起的离心力关系不大；但是第 4、5、6 阶模态的振动频率则随着工作转速的变大呈现逐渐增加的趋势。由于超导磁悬浮低温潜液泵用电机额定工作频率为 50 Hz，决定了悬浮体转子额定转速约为 1 400 r/min，此工作转速对应的各阶共振频率最高约为 25.3 Hz。泵系统的激振频率与悬浮体转子的固有频率相差较大，因而可以避免共振的发生。此外，由于悬浮体转子完全浸泡于低温液体中，受到低温流体的阻尼作用，一定程度上可以降低系统共振频率，进一步抑制发生共振的可能性，有利于超导磁悬浮低温潜液泵的稳定悬浮工作。

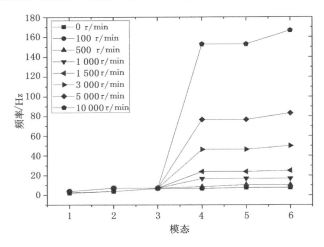

图 6-13 不同转速下悬浮体转子前 6 阶振动频率

6.3 超导磁悬浮低温潜液泵原理样机介绍

超导磁悬浮低温潜液泵涉及复杂的电磁学、动力学和流体力学问题，难以通过理论仿真获得泵系统的实际工作特性。因此，在超导磁悬浮低温潜液泵的结构设计和理论分析基础上，研制原理样机并搭建泵的实验测试平台，采用液氮工质，通过相关的实验测试超导磁悬浮低温潜液泵的实际工作性能。

6.3.1 泵用超导磁悬浮轴承

超导磁悬浮低温潜液泵整机包括超导定子和永磁转子均浸泡于低温液体中，考虑超导定子的冷却和悬浮体转子工作高度可调，采用图 4-12 所示的内超导定子、外永磁转子结构形式的径向型高温超导磁悬浮轴承。根据第 4 章的优化设计结果,结合样机研制工艺确定内超导定子外永磁转子结构形式的超导磁悬浮轴承的主要电磁结构设计参数如表 6-4 所示。实际加工超导磁悬浮轴承样机时并未采用铜保护层,因为定转子间气隙厚度有限,若保持气隙不变的情况下,添加铜保护层占用一定气隙空间,使得实际工作气隙过小,容易导致转子扫膛和碰撞。若保持实际工作气隙不变,添加铜保护层将会增加超导定子和永磁转子间气隙厚度,如此则作用于超导定子和铜层的磁场会减弱,造成悬浮力下降。另外,铜保护层太薄,工艺上难以实现制作和安装,尤其在超导定子灌封固化工艺过程中的真空-加压条件和低温工作环境易造成铜层变形。

表 6-4　内超导定子外永磁转子结构超导磁悬浮轴承主要设计参数

项目/单位	数　值
永磁转子/mm	$64 \times 48 \times 8$
超导定子/mm	$42 \times 22 \times 16$
定转子间隙/mm	2.5
聚磁铁环厚度/mm	2
永磁体剩磁密度/T	1.4
超导块轴向间隙/mm	0.5
超导块临界电流密度/(A/m^2)	9×10^7

由于原始 YBCO 超导块材呈长方体或圆柱形而非所需的瓦片状,因而需要对长方体进行切削和打磨处理工艺。但熔融织构工艺制备的超导块材靠近其表层一定厚度范围内的材料性能最佳,切削和打磨工序会将超导块材性能较好的表层部分去除和破坏。所以,为减小对原始 YBCO 超导块材的打磨和切削量,本样机方案采用较大体积的瓦片状超导块材拼接成超导环。超导定子仍由两层超导环叠加而成,每层定子超导环由原来的 8 块减小到 5 块瓦片状超导块(每块扇形角度为 72°)拼接而成,如图 6-14(a)所示。将两个超导定子环叠加在硬铝合金轴上,用玻璃纤维布缠绕固定绑扎。然后,选用具有良好导热性和耐低温性的环氧树脂胶(STYCAST 2850FT/Catalyst 23LV)进行粘接固化,以保证超导定子的机械强度并保护超导块材。图 6-15(b)和(d)为超导定子及灌封模具实物和真空加压灌封工艺处理后的超导定子外观。图 6-14(c)为由 3 块环形 Nd-FeB 永磁体(N50,剩磁密度 B_r 约为 1.4 T)和 4 个 DTE4 电工纯铁聚磁环组成的外永磁转子。永磁环和聚磁铁环一一交叠排列放置在铝合金底座上,且永磁环轴向磁化(同极性相对)。

超导磁悬浮轴承的内超导定子固定在泵的定子主轴上,可以通过转动螺杆

(a) YBCO 超导块材　　　　(b) 超导定子灌封固化工艺

(c) 外永磁转子　　　　　　(d) 内超导定子

图 6-14　泵用内超导定子形式的径向型高温超导磁悬浮轴承样机

(a) 泵顶盖和电机定子　　　　(b) 悬浮体转子

(c) 泵壳和悬浮体转子　　　　(d) 泵外观

图 6-15　超导磁悬浮低温潜液泵原理样机

调节该定子主轴的轴向高度。也就是说通过调节超导定子和永磁转子的相对位置,不仅可以改变场冷时超导定子的初始冷却高度,还可以在悬浮运行时,调节超导定子的高度和超导磁悬浮轴承的轴向悬浮力大小。另外,值得一提的是,对于超导磁悬浮轴承的场冷高度定位装置的设计,还可通过电磁铁励磁电源的开断来控制电磁吸合装置对转子的固定或释放;或采用形状记忆合金技术设计的弹性工件[41,158],其在液氮沸点附近会发生较大形变且具有记忆恢复性,根据环境温度可以实现悬浮体转子在场冷位置的固定或释放。

6.3.2　低温潜液泵原理样机

试制超导磁悬浮低温潜液泵的原理样机,如图 6-15(a)、(b)、(c)、(d)所示分别为泵的顶盖和盘式电机定子、叶轮-转子集成一体的悬浮体转子、泵外壳和悬浮体转子、装配完成的泵样机外观。另外,泵样机顶盖外壳上开有气体释放孔,用于释放因样机尤其是电机发热导致液氮汽化的气体,否则泵腔内部积累的气体导致内部压力变大,使得液氮无法从蜗壳入口进入泵腔而造成低温泵无法正常工作。注意,离心泵的扬程和流量等工作特性主要与电机或叶轮转速有关,与泵腔内部压力无直接联系。因为离心泵泵送流体主要依靠旋转叶轮做功使流体介质做离心运动获得动能而实现泵送,而不是依靠泵壳内部压力[11]。所以,在低温泵样机顶盖上的气体释放孔并不会明显影响离心泵的工作性能。

考虑启动瞬间电磁暂态引起的机械振动和受力不均,或受到加工精度限制,悬浮体转子不可避免地出现偏心振动甚至扫膛等现象。常规机械限位措施和保护轴承难以适用于低温环境,因而需要设计低温环境相应的限位和保护措施。泵样机超导磁悬浮轴承的内超导定子具有耐低温材质的锥形滚珠底座,即内定子主轴下端与转子的锥形槽底座构成轴系下端的机械式止推轴承[159],其同时具有定心和轴向限位的机械辅助作用,可以有效防止悬浮体转子发生扫膛和碰撞。另外,为防止轴向磁通低温电机定转子之间较大的轴向电磁吸力使得定转子之间出现刮蹭,系统采用轴向永磁卸载轴承抵消大部分轴向电磁吸力,不仅可以减小超导磁悬浮轴承的轴向负载而降低超导块材用量,还可以用于轴系上端的轴向限位,提高轴承系统的轴向稳定性。

由于整个电机泵潜于液氮低温环境中,难以在低温环境下采用传感器测量所需物理量。样机泵壳内壁不同高度处布置 PT100 铂电阻温度传感器用于检测泵内液位状态,防止样机(尤其是驱动电机)发热引起液氮汽化,在泵腔内气体聚积过多而影响泵正常工作。通过观察变频控制器的输出电流,可以粗略判断悬浮体转子的悬浮运行状况,如是否发生扫膛或摩擦。

6.4 泵样机液氮环境试验

6.4.1 泵样机测试平台介绍

完成超导磁悬浮低温潜液泵的相关理论仿真及加工装配后,需要通过实验测试实际性能来验证该原理样机泵。为此,设计如图 6-16 所示超导磁悬浮低温潜液泵的液氮工质实验测试系统。超导磁悬浮低温潜液泵样机试验平台主要包括超导磁悬浮低温潜液泵样机、液氮杜瓦、交流变频控制器、温度(液位)传感器和液氮输送管道组成。液氮管道等外表面包裹一层保温棉以减小管道漏热。超导磁悬浮低温潜液泵呈立式放置于杜瓦 1 中,并完全浸没在一定深度的液氮中。低温泵样机内布置有 PT100 温度传感器,通过温度间接观察泵腔内部介质的液位变化,进而反映泵内气体积累程度,防止汽化气体聚集导致泵无法工作。三相交流电压源通过变频控制器(ABB ACS355)驱动泵用电机使叶轮旋转对液体做功,将液氮抽出,经过输送管道、阀门等进入杜瓦 2 中。杜瓦 2 放置于一定高度的工作台上,且其中装备液位刻度尺,以显示杜瓦 2 中接收到的液氮液位高度,达到通过观察液位高度或体积变化反映泵送流量的目的。在液氮输送管道上布置机械式压力表和节流阀,当关闭节流阀时,可通过压力表读数估算泵的扬程。由于整个电机泵位于低温液体环境中,难以在低温环境下安装转速测量仪。此处可通过变频器输出电压频率估算电机转速,但由于转差率的存在,二者之间存在误差。最终,搭建超导磁悬浮低温潜液泵样机实验测试系统如图 6-17 所示。注意,开始通电工作之前,应先在杜瓦 2 中注入一定量液氮进行冷却,避免冷却杜瓦消耗的液氮汽化而无法通过读取液位高度计入流量,造成对泵的工作流量估测偏小。

6.4.2 样机运行测试实验

液氮环境下测量超导磁悬浮低温潜液泵的主要运行特性参数,主要包括低温泵在不同电压和不同转速情况下的输出流量和扬程。主要实验过程如下:

① 在杜瓦 1 和杜瓦 2 中分别加入液氮。杜瓦 1 中液氮不仅要完全浸没样机,还要达到一定高度;杜瓦 2 中的液氮要确保基本将杜瓦冷却至接近低温。通过在样机中布置的温度传感器观察泵腔内部温度和液位变化。至少保持 30 min,确保超导磁悬浮轴承的内超导定子完全冷却进入超导态。

② 开启低温泵的变频控制器,设置泵的额定电源电压、额定频率以及启动频率。记录杜瓦 2 的初始液位高度。

③ 完全关闭管道阀门,开始通电运行。起初管道内以及出口为气液混合工

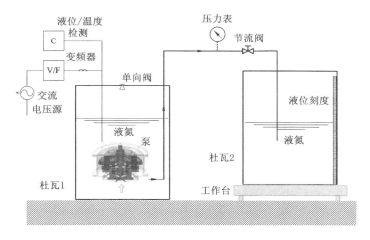

图 6-16　超导磁悬浮低温潜液泵样机实验测试系统

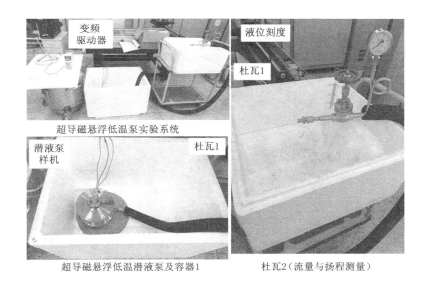

图 6-17　超导磁悬浮低温潜液泵样机试验系统

质,所以需要通电运行一段时间,待管道被冷却后,开始通过变频器调节转速,记录变频控制器的输出频率和管道压力表读数变化,即泵的工作扬程变化情况。

④ 重复①,②步骤。完全打开管道阀门;通电运行一段时间,待管道被充分冷却后,开始通过变频器调节转速,记录变频控制器的输出频率和杜瓦 2 中液氮的液位变化,即泵流量变化情况。

⑤ 完成泵的不同转速下的性能测试后,关闭变频器,停止泵运行。

完成上述实验测试过程后,根据前文说明进行简单参数变换计算,可以获得泵的工作流量和扬程参数。

向杜瓦1中加注液氮使液位高于叶轮约0.3 m时,启动超导磁悬浮低温潜液泵进行液氮输送试验,可以实现液氮的泵送。记录并整理实验数据,图 6-18、图 6-19 和图 6-20 所示分别为实验测得的流量-频率、扬程-频率和工作电流-频率特性曲线。发现样机泵的流量、扬程和工作电流均随着转速的增加而逐渐变大;而且当工作电压为 380 V 时泵的流量和扬程要略大于工作电压为 220 V 时,但相应的工作电流也增大很多。

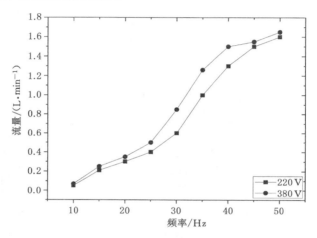

图 6-18 恒压频比条件下的流量-频率特性

为观察超导磁悬浮低温潜液泵样机工作的稳定性,令样机在 20～50 Hz(约 250～1 450 r/min)的情况下连续工作 15 min,并进行恒速和调速运行试验。结果表明除了由驱动电机发热引起的液氮汽化以外,样机在整个工作过程中未出现明显异常,输出流量基本稳定,可以初步确定超导磁悬浮低温潜液泵样机短时工作的稳定性。

当然,超导磁悬浮低温潜液泵在实际运行时存在着一些问题,如振动强烈、效率较低且液氮汽化量较大等。因此,考虑到后续的连续工作,需要保证超导磁悬浮低温潜液泵的稳定悬浮和高效运行,该原理样机仍存在如下一些需要改进的地方。

① 样机运行时尤其启动时伴随着较大程度的振动,甚至刮蹭。主要原因是超导磁悬浮轴承系统提供的径向悬浮力和径向刚度不足,对叶轮-转子悬浮体的径向约束较弱,难以实现稳定的悬浮运行。可以通过改进超导磁悬浮轴承系统

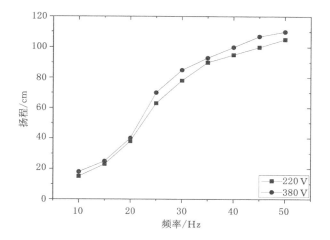

图 6-19 恒压频比条件下的扬程-频率特性

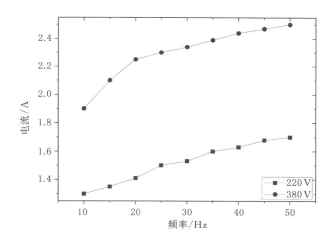

图 6-20 恒压频比条件下的电流-频率特性

的设计来优化悬浮力特性,提高径向稳定悬浮能力;优化轴承系统中超导磁悬浮轴承、永磁卸载轴承和盘式电机三者间的负载分配原则,提高悬浮体转子的自稳定能力。

② 低温泵的驱动电机效率较低,且引起大量液氮汽化损耗。本书直接选用市售常规 YPE 系列轴向磁通三相异步盘式电机作为驱动电机,其适用于常温环境。本书仅研究了既定电磁结构参数驱动电机的常温电磁力特性和低温电磁力特性,并未考虑低温环境影响对泵用电机进行改进和优化设计。因此,为适用于低温环境下的高效可靠运行,需要对超导磁悬浮低温潜液泵用盘式电机进行低

温工作特性的优化设计。

③ 提高泵的工作性能可以通过增加泵的工作比转速实现,其中提高转子转速是重要的方式之一,也是迎合超导磁悬浮轴承高速应用的关键。因此,有必要对悬浮体转子进行高速运行的动力学分析和设计、动平衡测试及改进,以实现低温潜液泵悬浮体转子的高速运行,提高泵的工作性能指标。

6.5　本章小结

本章主要基于径向型高温超导磁悬浮轴承技术,提出一种轴向磁通盘式电机驱动的新型低温液体泵-超导磁悬浮低温盘式潜液泵。针对超导磁悬浮低温潜液泵的叶轮-转子悬浮体进行力学特性和稳定性分析。然后研制泵的原理样机,并搭建液氮环境测试平台进行试验测试。

通过对永磁辅助轴承悬浮力、旋转叶轮与流体间相互作用力的理论计算或实验测量,以及在前文对超导磁悬浮轴承和盘式电机定转子间电磁悬浮力的计算基础上,建立叶轮-转子悬浮体的轴、径向静态受力分析模型并进行稳定性分析。采用软件 Solidworks 建立悬浮体转子的振动模态分析模型,分别在自由约束条件下和考虑预应力影响时对悬浮体转子进行模态分析,得到悬浮体转子的振动频率和振动形式。表明悬浮体转子在轴、径方向上的受力均可实现平衡及稳定,且悬浮体转子的振动频率与泵的激励频率相差较大,不会发生共振。从而在理论上确保悬浮体转子的无摩擦、自稳定悬浮运行。

在对超导磁悬浮轴承系统和悬浮体转子的理论研究基础上,对超导磁悬浮低温潜液泵进行整体结构设计和原理样机试制。然后,搭建了超导磁悬浮低温潜液泵样机的液氮环境测试平台;在变频驱动情况下进行泵的运行试验,测量了泵的流量、扬程和电流随频率的变化情况。实验运行和测试表明:叶轮-转子在超导磁悬浮轴承系统支撑作用下,所述低温泵基本可以正常稳定运行并实现液氮的泵送,验证了所述超导磁悬浮低温潜液泵方案的可行性。

第 7 章　总结与展望

7.1　总　　结

本书在总结超导技术与低温液体泵、超导磁悬浮轴承的国内外研究现状基础上，针对高可靠性低温液体泵的研制需求和传统低温液体泵存在的问题，提出将径向型超导磁悬浮轴承应用于轴向磁通盘式电机驱动的低温潜液泵-超导磁悬浮低温盘式潜液泵，开展了低温泵用超导磁悬浮轴承系统的理论和实验研究，主要研究工作总结如下：

（1）径向超导磁悬浮轴承轴、径向悬浮力特性的简化计算建模和实验验证

针对高温超导磁悬浮轴承悬浮力数值计算存在的三个难点，提出一种简化径向型超导磁悬浮轴承轴向悬浮力计算的数值建模方法。基于磁场强度 H 法，采用软件 COMSOL 建立超导磁悬浮轴承超导定子的二维轴对称有限元模型。在耦合定转子间气隙边界条件上施加具有行波磁场特征的谐波级数形式磁场表达式，以表征轴向往复移动的永磁转子。同时考虑超导体材料的强非线性 E-J 关系和转子非线性铁磁材料对磁场影响的情况下，避免了超导定子和永磁转子间复杂移动网格设置，可实现径向超导磁悬浮轴承轴向悬浮力的快速计算。

提出一种简化径向型超导磁悬浮轴承径向悬浮力计算的理论建模方法。假设可将径向超导磁悬浮轴承看作由无穷多个矩形薄片 SC-PM 微元系统沿圆周方向构成。通过二维有限元法求解获得直角坐标系下单个 SC-PM 微元系统在不同运动过程中的横向悬浮力-位移关系。结合微元分析法和转子偏心时的不均匀气隙公式，建立径向超导磁悬浮轴承径向悬浮力的简化计算模型。该方法无须建立复杂的三维有限元模型，可避免庞大的三维数值计算，具有快速便捷的优点。

通过采用三维悬浮力测试平台进行悬浮力的测量验证，发现在场冷和零场冷条件下，轴向悬浮力-位移关系、径向悬浮力-位移关系的理论计算结果和实验测量结果获得了较好的一致性，验证了所述悬浮力计算建模的可行性，其可以作为径向型超导磁悬浮轴承轴向和径向悬浮力特性计算及优化的理论工具。

（2）轴向悬浮力动态振动特性研究和多自由度运动悬浮特性建模分析

　　当永磁转子承受轴向的恒定负载,轴向悬浮力和永磁转子的轴向位移随时间变化规律十分相似,二者均存在类正弦波动:波动周期基本不随时间变化;受到系统阻尼作用,波动幅值则随时间逐渐衰减而趋于稳定值,但轴向悬浮力的稳态平均值对应轴向恒定负载大小。① 随着轴向恒定负载的增加,轴向悬浮力和位移的波动幅值明显变大,且永磁转子的工作点相对初始场冷位置将发生更大的偏移。② 随着永磁转子初始速度的增加,轴向悬浮力和位移的波动幅值显著变大;永磁转子轴向位移的平均值也逐渐变大,表明永磁转子的工作点受其初始运动速度大小的影响而发生不同程度的偏移。当永磁转子承受不同频率或幅值的正弦变化轴向负载时,进入稳态后的轴向悬浮力和轴向位移随时间呈现出复杂的波动规律,因为系统的固有阻尼频率与轴向正弦负载频率的叠加效应,导致轴向悬浮力和位移随时间的变化包含一定谐波。

　　当永磁转子发生正弦轴向振动时,轴向悬浮力会产生与永磁转子位移变化规律相似的波动,同时呈现与悬浮力自由弛豫趋势相似的整体衰减趋势,但衰减程度与振动周期和幅值相关。随着振动幅值的增加,悬浮力的平均刚度有所减小;振动原点处对应的悬浮力衰减非常明显,且衰减的程度逐渐变大。随着振动频率的增加,悬浮力的衰减程度略有增加,平均刚度有所减小;振动原点处对应的悬浮力衰减的程度稍有增加。通过测量当永磁转子发生不同频率和幅值的三角波形式振动时的轴向悬浮力变化情况,实验验证了所得的轴向悬浮力动态振动特性。

　　基于超导体的 Power-Law E-J 关系获得超导材料电导率和电场强度的关系,采用软件 MagNet 建立永磁转子多自由度运动时的三维电磁场数值计算模型,仿真研究径向式超导磁悬浮轴承的多自由度运动悬浮特性。① 两自由度悬浮特性。即使考虑超导定子的块材拼接效应、超导块材损坏或永磁体不均匀磁化等因素,永磁转子转速对轴向悬浮力-位移关系基本无影响;② 三自由度悬浮特性。当永磁转子受外界轴向恒速位移驱动时,除了 z 轴分量外,永磁转子的悬浮力、位移和速度的 x、y 轴分量均存在较高频周期性波动和较低频振荡,即磁悬浮振动现象的典型特征"海豚效应"。且由于不同自由度间的耦合效应,尽管永磁转子沿 z 轴位移线性变化,悬浮力 x、y 轴分量的"海豚效应"使得 z 轴分量也产生了波动特征,而非单调变化。③ 永磁转子静态、动态偏心条件下,轴向悬浮力随着静态偏心位移的增加而逐渐变大;随着动态偏心距和动态偏心转速的变化,轴向悬浮力平均值并无明显变化。但轴向悬浮力存在周期性波动:动态偏心转速越大,该波动的周期越小;动态偏心距越大,则该波动幅值越大。

　　(3) 低温潜液泵用径向型超导磁悬浮轴承的设计与优化

　　基于径向超导磁悬浮轴承悬浮力简化数值建模方法,研究了超导磁悬浮轴承定、转子轴向长度有限引起的端部效应对悬浮力特性的影响。超导定子轴向有限长度以及轴向分块,都因为存在端部效应而不同程度地减小了有效超导体面积,并削弱产生的轴向悬浮力。永磁转子长度有限引起的端部效应对悬浮力的影响较大。因此,在空间和成本允许的情况下,径向超导磁悬浮轴承的超导定子应尽可能采用较大的单块超导体获得较大悬浮力;永磁转子长度应该比超导定子略长,以利用端部效应增加端部磁通密度提高最大悬浮力值。

研究了新型定转子结构超导磁悬浮轴承的悬浮力特性。当永磁转子轴向移动速度较大时,在产生的瞬态变化磁场作用下,单独超导定子和单独铜保护层产生的轴向悬浮力均获得较大提高。因此在超导定子外包裹铜保护层不仅可以保护超导块材不被碰撞损坏,增加超导定子的机械强度;还可有效改善轴承系统动态阻尼特性,提高悬浮稳定性。楔形聚磁铁环结构的永磁转子使得径向磁场幅值有所减小,但轴向磁场却明显增强,相应超导磁悬浮轴承获得的轴向悬浮力最大;而 Halbach 型永磁转子在增加永磁体用量的情况下并未明显改善磁场的轴、径向分布且获得的轴向悬浮力比常规聚磁环结构永磁转子还要小。

引入统计学方法——田口法对泵用内定子外转子结构形式超导磁悬浮轴承的承载能力进行优化。分析了 6 个关键参数变量的平均效应和相对重要程度。气隙厚度,永磁体剩磁密度和超导体临界电流密度对轴向悬浮力 F_m 具有重要影响(相对重要程度分别为 52.6%,18.8%,21.7%);初始场冷高度对轴向位移 D_{isp} 具有决定性影响(73.5%)。据此确定了最优轴向悬浮承载能力的参数组合。对比初始设计和优化设计结果表明:优化后超导磁悬浮轴承的轴向悬浮力特性和承载能力得到很大提高,田口法适用于超导磁悬浮轴承的多变量多目标优化设计。

（4）低温泵用轴向磁通盘式电机的电磁力特性研究

实验测量了室温和液氮低温环境下电机硅钢带卷绕铁芯的磁化特性和损耗特性、导体材料的电阻率和绕组单相电阻。与室温条件相比,当磁路不饱和时,硅钢带卷绕制成的铁芯在液氮低温环境下的磁化特性基本无变化;但低温条件下硅钢带卷绕铁芯的电导率却大幅度增加,使得铁芯涡流损耗明显变大。另外,液氮低温环境下电机的单相电阻约减小为室温环境时的 1/7.8。

采用软件 Maxwell 建立室温环境下三相异步盘式电机的三维有限元数值模型,计算其基本工作特性和电磁力特性。工频三相电源供电情况下,电机空载和负载运行时的定转子间轴向电磁力均随着气隙厚度的增加而逐渐减小。当气隙厚度固定时,在一定转速范围内,轴向电磁力随着转差的增加而逐渐减小。采用恒压频比电源时,在频率为 30～50 Hz 范围内,电机空载运行的轴向电磁力随着频率的变化程度很小,可近似认为保持恒定,这对于稳定电机定转子间轴向电磁力和悬浮体系统受力具有重要作用。通过搭建盘式电机电磁力特性测量平台,进行室温环境下电机轴向电磁力特性和工作特性的测量实验,验证了所建三维数值模型的正确性。

考虑低温环境对定子绕组铜线和转子鼠笼铸铝的电导率影响,建立液氮低温环境下三相异步盘式电机的三维有限元模型,着重研究了低温环境下电机的电磁力特性。低温环境下电机空载运行时,随着气隙厚度的增加,定转子间的轴向电磁力呈现与室温环境下相同的单调减小趋势。但低温环境下定转子间的轴向电磁力略大于室温情况下的值。电机带载运行时,定转子间轴向电磁吸力随着转速的变大呈现单调增加的趋势。低温环境下电机的启动过程所需时间明显大于室温环境下的启动时间。当电机转子发生径向偏心时,定转子间会产生一个与偏心方向相反的回复性径向电磁力,试图将转子拉回中心位置。径向电磁力随着径向偏心位移的增大而逐渐变大,也随着转速的增加而逐渐变大。径向电磁力的这一特性将有助于泵悬浮体转子的径向稳定悬浮。

(5)悬浮体转子力学特性分析和泵的样机实验研究

基于径向型超导磁悬浮轴承技术,提出一种轴向磁通盘式电机驱动的新型低温液体泵—超导磁悬浮低温盘式潜液泵。通过对永磁辅助轴承悬浮力、旋转叶轮与流体间相互作用力的理论计算,以及在对超导磁悬浮轴承和盘式电机定转子间电磁悬浮力的计算基础上,建立叶轮-转子悬浮体的轴、径向静态受力分析模型进行稳定性分析。采用软件 Solidworks 建立悬浮体转子的振动模态分析模型,分别在自由约束条件下和考虑预应力影响时对悬浮体转子进行模态分析,得到悬浮体转子的振动频率和振动形式。理论表明悬浮体转子在轴、径方向上均受力稳定,且悬浮体转子的振动频率与泵的激励频率相差较大,不会发生共振。从而理论确保悬浮体转子的无接触、无摩擦、自稳定悬浮运行。

在超导磁悬浮轴承系统和悬浮体转子的理论研究基础上,对超导磁悬浮低温潜液泵进行整体结构设计和原理样机试制。然后,搭建了超导磁悬浮低温潜液泵样机的液氮环境测试平台;在变频驱动情况下进行泵的运行测试、测量了泵的流量、扬程和电流随频率的变化情况。实验运行和测试表明:悬浮体转子在超导磁悬浮轴承系统支撑作用下,所述低温泵基本可以正常稳定运行并能够泵送液氮,验证了所述超导磁悬浮低温潜液泵方案的可行性。

总之,所述超导磁悬浮低温潜液泵在原理上得到验证并具有一定可行性。除了解决常规中小型低温液体泵存在的三个问题外,还具有两个优势:低温液体泵工作环境直接给超导体提供冷却条件,而无须附加的制冷设施;另外,由于超导体的性能随着工作温度降低而提高,若将超导磁悬浮低温潜液泵应用于介质温度更低的液氢泵和液氦泵时,泵转子的悬浮特性和稳定性将进一步提高。

7.2　展　　望

本书在开展超导磁悬浮低温潜液泵轴承系统的理论与实验研究过程中也遇到一些问题,考虑后续泵的连续工作制应用,需要保证超导磁悬浮低温潜液泵的稳定悬浮和高效运行,认为如下几个方面值得进一步的研究:

(1)超导磁悬浮轴承方面

为充分发挥超导磁悬浮轴承无源自稳定悬浮的优势,需要尽可能地提高其悬浮力特性。一方面,为避免切削打磨工艺损坏超导块材,可直接采用原始的长方体状 YBCO 超导块材构成多边形内表面的超导定子[38];另一方面,由于目前难以制备较大尺寸的超导块材,多数磁悬浮装置的大尺寸超导体必须采用若干小尺寸超导块材拼接而成,限制了系统悬浮能力的提高。因此,可以考虑采用由足够数量超导带材构成的大尺寸堆叠来替代超导块材用于磁悬浮系统,以获得较大的超导感应电流环和悬浮力。

(2)低温泵用电机方面

本书直接选用市售常规 YPE 系列轴向磁通三相异步盘式电机作为驱动电机,其主要适用于室温环境。仅针对既定电磁结构参数的驱动电机,研究其常温和液氮低温环境下的电磁力特性,并未考虑低温环境影响对泵用电机进行优化设计和改进。因而,低温泵的驱动电机启动性能差、效率较低,且引起大量液氮汽化损耗。为保证低温环境下的高效可靠运行,需要考虑低温环境影响,研究低温潜液泵用盘式电机的电磁设计方法和低温工作特性优化。

(3)低温泵样机方面

提高转子转速是通过增加泵的工作比转速提高泵工作性能的重要方式之一,也是迎合超导磁悬浮轴承高速应用的关键。因此,有必要对悬浮体转子进行高速运行的动力学分析和设计、动平衡测试及改进,以实现低温潜液泵悬浮体转子的高速运行,提高泵的工作性能参数。另外,针对潜液式低温泵工作参数的测量和运行状态监测,需要开展低温环境下转子位移和转速等的耐低温传感器设计和检测技术研究。

(4)超导磁悬浮轴承系统的负载分配与协调控制

超导磁悬浮轴承系统提供的径向悬浮力和径向刚度较小,对叶轮-转子悬浮体的径向约束较弱。样机运行时,尤其启动时伴随着较大程度的振动,甚至刮蹭。通过改进超导磁悬浮轴承系统的匹配设计来优化悬浮力特性,提高径向稳定悬浮能力;优化轴承系统中超导磁悬浮轴承、永磁卸载轴承和盘式电机三者间的负载分配原则,提高悬浮体转子的自稳定能力。

参 考 文 献

[1] P MIKHEENKO. Superconductivity for hydrogen economy[J]. Journal of Physics Conference Series,2011,286(1):12014-12024.

[2] ALEXEY KUCHAEV. Benefits of HTS Technology to FLNG Power Systems[C],PCIM Asia, Shanghai, China,87-93,2015.

[3] 李洪言,赵朔,刘飞. 2040 年世界能源供需展望--基于《BP 世界能源展望(2019 年版)》[J]. 天然气与石油,2019,37(06):1-8.

[4] 李伟,陈燕,粟科华."十三五"期间我国天然气行业发展环境分析[J]. 国际石油经济,2015,23(3):5-10.

[5] 陈燕. 液化天然气储存及应用技术的研究[J]. 中国资源综合利用,2019,37(03):148-150.

[6] GIUSEPPE MESSINA,EDOARDO TAMBURO DE BELLA,et al. HTS Axial Flux Permanent Magnets Electrical Machine Prototype:Design and Test Results[J]. IEEE Transactions on Applied Superconductivity, 2019, 29(5):5200605.

[7] 于立佳,王银顺,朱承治. ± 100 kV/1 kA 能源管道双极直流高温超导电缆导体设计[J]. 低温与超导,2020,48(02):37-43.

[8] JISUNG LEE, CHEONKYU LEE, SANGKWON JEONG. Investigation on Cryogenic Refrigerator and Cooling Schemes for Long Distance HTS Cable[J]. IEEE Transactions on Applied Superconductivity,2015,25(3):1-4.

[9] 张文毓. 低温泵的研究与应用[J]. 上海电气技术,2016,9(1):26-29.

[10] PENG CUI,QINGLIAN LI,PENG CHENG. System scheme design for LOX/LCH4 variable thrust liquid rocket engines using motor pump[J]. Acta Astronautica,2020,171:139-150.

[11] GANG LI,SHANE CALDWELL,JASON A. Clark. A compact cryogenic pump[J]. Cryogenics,2016,75(6):35-37.

[12] CONG WANG , YONGXUE ZHANG, HUCAN HOU. Entropy production diagnostic analysis of energy consumption for cavitation flow in a two-stage

LNG cryogenic submerged pump[J]. International Journal of Heat and Mass Transfer,2019,129:342-356.

[13] XUE SHAO, WEI ZHAO. Performance study on a partial emission cryogenic circulation pump with high head and small flow in various conditions[J]. International Journal of Hydrogen Energy,2019,44(49):27141-27150.

[14] 张涛,安保林,陈嘉祥.液态空气储能系统低温泵水力特性研究[J].低温工程,2018,(01):1-5.

[15] 潘骁骅.LNG 接收站低温泵常见故障与处理探究[J].化工管理,2019,(29):126-127.

[16] 张炎,低温潜液泵轴向力平衡装置特性研究[D].北京:北京化工大学,2015.

[17] CHAO GUO,SHOU DAO HUANG,JIAO BAO WANG. Research of Cryogenic Permanent Magnet Synchronous Motor for Submerged Liquefied Natural Gas Pump [J]. IEEE Transactions on Energy Conversion,2018,33(4):2030-2039.

[18] 艾程柳,黄元峰,王海峰.潜液式 LNG 泵低温电机及其关键技术发展综述[J].中国电机工程学报,2014,34(15):2396-2405.

[19] 李旭光,羊娟,刘阳.液氮低温泵用变频高速加长轴三相异步电动机设计[J].电气防爆,2020,(01):1-4.

[20] 刘文旭,李文龙,方进.高温超导磁悬浮技术研究论述[J].低温与超导,2020,48(02):44-49.

[21] 马光同,杨文姣,王志涛.超导磁浮交通研究进展[J].华南理工大学学报(自然科学版),2019,47(07):68-74.

[22] JOHN R HULL. Superconducting bearings[J]. Superconductor Science and Technology,2000,13(2):R1-R15.

[23] MASATO MURAKAMI. Applications of Bulk High Temperature Superconductors[J]. Proceedings of the IEEE,2015,92(10):1705-1718.

[24] XU J,ZHANG C,WANG J. Experimental Investigations of Novel Compound Bearing of Superconducting Magnetic Field and Hydrodynamic Fluid Field [J]. IEEE Transactions on Applied Superconductivity,2020,30(1):1-7.

[25] M A GREEN. A superconducting linear motor drive for a positive displacement bellows pump for use in the g-2 cryogenics system[J]. IEEE Transactions on

Applied Superconductivity,1995,5(2):972-975.

［26］ M KOMORI, K UCHINO. Development of a Liquid Nitrogen Pump Using Superconducting Bulk Motor［J］. IEEE Transactions on Appiled Superconductivity,2004,14(2):1659-1662.

［27］ MAKOTO KOBAYASHI, Mochimitsu Komori. A superconducting stepping motor with pulsed-field magnetization for a pump ［J］. Cryogenics,2007,47(2):101-106.

［28］ K KAJIKAWA,T NAKAMURA. Proposal of a Fully Superconducting Motor for Liquid Hydrogen Pump With MgB2 Wire ［J］. IEEE Transactions on Applied Superconductivity,2009,19(3):1669-1673.

［29］ KAZUHIRO KAJIKAWA, HIROTSUGU KUGA, TAKURO INOUE. Development of a liquid hydrogen transfer pump system with MgB2 wires ［J］. Cryogenics,2012,52(11):615-619.

［30］ KAZUHIRO KAJIKAWA, HIROTSUGU KUGA, TAKURO INOUE. Demonstration of Transfer of Liquid Helium Using a Pump System with MgB2 Wires［J］. Journal of superconductivity and novel magnetism,2013, 26(5):1537-1541.

［31］ L K KOVALEV, K V ILUSHIN, V T PENKIN. A Pump for Liquid Cryogen with HTS Electrical Drive［C］, ADVANCES IN CRYOGENIC ENGINEERING: Transactions of the International Cryogenic Materials Conference-ICMCAIP Publishing,896-904,2004.

［32］ EPVolkov, VSVysotsky, VP Firsov. First Russian long length HTS power cable［J］. Physica C: Superconductivity,2012,482:87-91.

［33］ 邓自刚,王家素,王素玉.高温超导磁悬浮轴承研发现状［J］.电工技术学报,2009,(09):1-8.

［34］ 肖立业,古宏伟,王秋良. YBCO 超导体的电工学应用研究进展［J］.物理,2017,46(8):536-548.

［35］ SHINICHI MUKOYAMA, KENGO NAKAO, HISAKI SAKAMOTO. Development of Superconducting Magnetic Bearing for 300 kW Flywheel Energy Storage System ［J］. IEEE Transactions on Applied Superconductivity,2017,27(4):1-4.

［36］ YOSHIKI MIYAZAKI, KATSUTOSHI MIZUNO, TOMOHISA YAMASHITA. Development of superconducting magnetic bearing for flywheel energy storage system［J］. Cryogenics,2016,80:234-237.

[37] M KOMORI, K HARA, K ASAMI. Trial of Superconducting Magnetic Bearings Applied to High-Speed Turbine Rotor[J]. IEEE Transactions on Magnetics,2018,54(11):8300404.

[38] J ARSéNIO A ,L ROQUE M ,V CARVALHO M. Implementation of a YBCO Superconducting ZFC-Magnetic Bearing Prototype [J]. IEEE Transactions on Industry Applications,2019,55(1):327-335.

[39] 朱圣良. 小流量高扬程低温液体泵设计分析及实验研究 [D]. 合肥:中国科学院研究生院,2012.

[40] QUNXU LIN, DONGHUI JIANG, GUANGTONG MA. Research of Radial High Temperature Superconducting Magnetic Bearings for Cryogenic Liquid Pumps [J]. IEEE Transactions on Applied Superconductivity,2012,22(3):5201604.

[41] Q X LIN,D H JIANG,Z G DENG. Operation and Improvement of Liquid Nitrogen Pumps with Radial High-Temperature Superconductor Bearings [J]. Journal of Low Temperature Physics,2015,180(5-6):416-424.

[42] TATSUSHI, SUZUKI, SATOSHI. Development of a Vacuum Pump using Axial-Gap Self-Bearing Motor and Superconducting Magnetic Bearing[C],The Twelfth International Symposium on Magnetic Bearings (ISMB 12), Wuhan, China,733-741, 2010.

[43] YUTA SAWAMURA, MOCHIMITSU KOMORI, KENICHI ASAMI. Characteristics of active type magnetic bearings using superconducting coils for a cryogenic pump[C],The Proceedings of Conference of Kyushu Branch The Japan Society of Mechanical Engineers,73-74, 2016.

[44] YUTA SAWAMURA, MOCHIMITSU KOMORI, KENICHI ASAMI. Developmennt of active type magnetic bearings using superconducting coils for a cryogenic pump[C],The Proceedings of Conference of Kyushu Branch The Japan Society of Mechanical Engineers,317,2017.

[45] F KARL. Schoch. Superconducting liquid helium pump:US3422765[P], 1967-03-24.

[46] D DEW-HUGHES,M D MCCULLOCH,K JIM. Liquid cryogen pumps integrated with superconducting motors [J]. Advance in Cryogenic Engineering,2000,45:1477-1484.

[47] 郑力铭,孙冰. 低温推进剂液体火箭发动机超导电磁泵压循环系统初步设想[J]. 宇航学报,2006,(05):860-864.

[48] GRANADOS，J. LóPEZ X. Low-power superconducting motors[J]. Superconductor Science and Technology,2008,21(3):34010.

[49] ÁLVAREZ,P SU? REZ,D C? CERES. Superconducting armature for induction motor of axial flux based on YBCO bulks[J]. Physica C: Superconductivity,2002,372:1517-1519.

[50] P BERNSTEIN, J NOUDEM. Superconducting magnetic levitation: principle，materials，physics and models[J]. Superconductor Science and Technology,2020,33(3):33001.

[51] L JIN ,J ZHENG,S SI. Effect of Eddy-Current Damper on the Dynamic Levitation Force in High-Temperature Superconducting Maglev System [J]. IEEE Transactions on Applied Superconductivity,2016,26(8):1-7.

[52] SIROIS F ,GRILLI F ,MORANDI A. Comparison of Constitutive Laws for Modeling High-Temperature Superconductors[J]. IEEE Transactions on Applied Superconductivity,2019,29(1):8000110.

[53] A J ARSéNIO, C CARDEIRA, M RUI. Experimental Setup and Efficiency Evaluation of Zero-Field-Cooled （ZFC） YBCO Magnetic Bearings[J]. IEEE Transactions on Applied Superconductivity,2017,27 (4):1-5.

[54] A J ARS? NIO, M V CARVALHO, C CARDEIRA. Viability of a Frictionless Bearing with Permanent Magnets and HTS Bulks[C],17th IEEE International Power Electronics and Motion Control Conference (PEMC)，Varna，BULGARIA,1-7,2016.

[55] MENGLEI LI, WEI PAN, YINCAI ZOU. Optimal design of a high-temperature superconducting magnetic bearing application in centrifugal turbo cold compressor[J]. Cryogenics & Superconductivity,2017,45(7): 48-54.

[56] JIMIN XU,YINGZE JIN,XIAOYANG YUAN. Levitation force of small clearance superconductor-magnet system under non-coaxial condition[J]. Modern Physics Letters B,2017,31(8):1750075.

[57] 侯洁洁,许吉敏,吴九汇. 超导磁悬浮力的理论研究与实验分析[J]. 低温物理学报,2015,37(5):364-369.

[58] K NAGASHIMA, H SEINO, N SAKAI. Superconducting magnetic bearing for a flywheel energy storage system using superconducting coils and bulk superconductors[J]. Physica C: Superconductivity, 2009, 469

(15):1244-1249.

[59] MINXIAN LIU, YIYUN LU, SUYU WANG. Numerical Evaluation of Levitation Force Oscillation of HTS Bulk Exposed to AC Magnetic Field over NdFeB Guideway [J]. Journal of Superconductivity & Novel Magnetism, 2011, 24(5):1559-1562.

[60] MORANDI A , FABBRI M , L RIBANI P. The measurement and modeling of the levitation force between single grain YBCO bulk superconductors and permanent magnets[J]. IEEE Transactions on Applied Superconductivity, 2018, 28(5):1-10.

[61] MOJTABA NASEH, HOSSEIN HEYDARI. Sensitivity Analysis of Rotor Parameters in Axially Magnetized Radial HTS Magnetic Bearings Using an Analytical Method [J]. IEEE Transactions on Applied Superconductivity, 2016, 26(8):1-11.

[62] MOJTABA NASEH, HOSSEIN HEYDARI. Levitation Force Maximization in HTS Magnetic Bearings Formulated by a Semi-Analytical Approach[J]. IEEE Transactions on Applied Superconductivity, 2017, 27(5):5203811.

[63] MOJTABA NASEH, HOSSEIN HEYDARI. Analytical method for levitation force calculation of radial HTS magnetic bearings[J]. IET Electric Power Applications, 2017, 11(3):369-377.

[64] ZHENG J , HUANG H , ZHANG S. A general method to simulate the electromagnetic characteristics of HTS maglev systems by finite element software[J]. IEEE Transactions on Applied Superconductivity, 2018, 28 (5):3600808.

[65] LOÏC QUéVAL , KUN LIU, WENJIAO YANG. Superconducting Magnetic Bearings Simulation using an H-formulation Finite Element Model [J]. Superconductor Science Technology , 2018, 31(8):84001.

[66] YAN Z , YANG W , YE C. Numerical Prediction of Levitation Properties of HTS Bulk in High Magnetic Fields[J]. IEEE Transactions on Applied Superconductivity, 2019, 29(5):3602805.

[67] F SASS, G G SOTELO, R DE ANDRADE JUNIOR. H-formulation for simulating levitation forces acting on HTS bulks and stacks of 2G coated conductors [J]. Superconductor Science and Technology, 2015, 28(12):125012.

[68] F SASS, D H N DIAS, G G SOTELO. Superconducting magnetic

bearings with bulks and 2G HTS stacks：comparison between simulations using H and A-V formulations with measurements[J]. Superconductor Science and Technology,2018,31(2):25006.

[69] SIDDHARTH PRATAP,CLAY S HEARN. 3-D Transient Modeling of Bulk High-Temperature Superconducting Material in Passive Magnetic Bearing Applications [J]. IEEE Transactions on Applied Superconductivity,2015,25(5):5203910.

[70] SINAN BASARAN, SELIM SIVRIOGLU. Levitation force analysis of ring and disk shaped permanent magnet-high temperature superconductor [J]. Indian Journal of Pure & Applied Physics,2017,55(4):261-268.

[71] SINAN BASARAN,SELIM SIVRIOGLU. Radial stiffness improvement of a flywheel system using multi-surface superconducting levitation[J]. Superconductor Science Technology,2017,30(3):35008.

[72] AHMET CANSIZ,DANIEL TUNC MCGUINESS. Optimization of the force and stiffness in a superconducting magnetic bearing based on particular permanent-magnet superconductor configuration [J]. IEEE Transactions on Applied Superconductivity,2018,28(2):5201208.

[73] XING DA WU,KE XI XU,YUE CAO. Modeling of hysteretic behavior of the levitation force between superconductor and permanent magnet[J]. Physica C Superconductivity,2013,486(3):17-22.

[74] 孟庆栋,张坚,张海龙.径向高温超导磁悬浮轴承的悬浮性能分析[J].轴承,2014,(7):14-17.

[75] SELIM SIVRIOGLU,SINAN BASARAN. A Dynamical Stiffness Evaluation Model for a Ring-Shaped Superconductor Magnetic Bearing System[J]. IEEE Transactions on Applied Superconductivity,2015,25(4):1-7.

[76] QU X E L ,VAL,G SOTELO G. Optimization of the Superconducting Linear Magnetic Bearing of a Maglev Vehicle[J]. IEEE Transactions on Applied Superconductivity,2016,26(3):3601905.

[77] GUANG TONG MA,HUAN LIU,XING TIAN LI. Numerical simulations of the mutual effect among the superconducting constituents in a levitation system with translational symmetry [J]. Journal of Applied Physics, 2014, 115 (8):83908.

[78] 陈楠,陈洋,孙睿雪.高温超导-永磁混合悬浮车基本系统的理论模型与实验[J].科学通报,2020,65(09):847-855.

[79] GUANGTONG MA, QUNXU LIN, DONGHUI JIANG. Numerical Studies of Axial and Radial Magnetic Forces Between High Temperature Superconductors and a Magnetic Rotor[J]. Journal of Low Temperature Physics,2013,172(3-4):299-309.

[80] F N WERFEL,U FLOEGEL-DELOR,T RIEDEL. HTS Magnetic Bearings in Prototype Application[J]. IEEE Transactions on Applied Superconductivity,2010,20(3):874-879.

[81] PAVEL DERGACHEV, ALEXANDER KOSTERIN, EKATERINA KURBATOVA. Flywheel energy storage system with magnetic hts suspension and embedded in the flywheel motor-generator[C]. Power Electronics and Motion Control Conference, Varna, Bulgaria 2016.

[82] Q LIN,W WANG,Z DENG. Measurement and Calculation Method of the Radial Stiffness of Radial High-Temperature Superconducting Bearings [J]. Journal of Superconductivity & Novel Magnetism,2015,28(6):1681-1685.

[83] B J PARK,Y H HAN,S Y JUNG. Static properties of high temperature superconductor bearings for a 10 kW h class superconductor flywheel energy storage system[J]. Physica C:Superconductivity,2010,470(20):1772-1776.

[84] LI WANG AI,GUOMIN ZHANG,WANJIE LI. Simplified calculation for the radial levitation force of radial-type superconducting magnetic bearing[J]. IET Electric Power Applications,2018,12(9):1291-1296.

[85] DANIEL HENRIQUE NOGUEIRA DIAS, GUILHERME GON? ALVES SOTELO,RUBENS DE ANDRADE. Study of the Lateral Force Behavior in a Field Cooled Superconducting Linear Bearing[J]. IEEE Transactions on Applied Superconductivity,2011,21(3):1533-1537.

[86] HAITAO LI,DI LIU,YE HONG. Modeling and identification of the hysteresis nonlinear levitation force in HTS maglev systems [J]. Superconductor Science and Technology,2020,33(5):54001.

[87] LI W ,ZHANG G ,AI L. A Three-Dimensional Measurement System for High-Temperature Superconducting Magnetic Bearings [J]. IEEE Transactions on Applied Superconductivity,2018,28(4):1-5.

[88] C NAVAU,N DEL-VALLE,A SANCHEZ. Macroscopic Modeling of Magnetization and Levitation of Hard Type-II Superconductors:The

Critical-State Model [J]. IEEE Transactions on Applied Superconductivity,2013,23(1):8201023.

[89] G DORRELL D. Sources and Characteristics of Unbalanced Magnetic Pull in Three-Phase Cage Induction Motors With Axial-Varying Rotor Eccentricity[J]. IEEE Transactions on Industry Applications,2011,47 (1):12-24.

[90] JAMES WEISHENG JIANG,BERKER BILGIN,ANAND SATHYAN. Analysis of unbalanced magnetic pull in eccentric interior permanent magnet machines with series and parallel windings[J]. IET Electric Power Applications,2016,10(6):526-538.

[91] AI L ,ZHANG G ,LI W. Axial Vibration Characteristic of Levitation Force for Radial-Type Superconducting Magnetic Bearing [J]. IEEE Transactions on Applied Superconductivity,2020,30(3):3600507.

[92] LIWANG AI, GUOMIN ZHANG, LIWEI JING. Dynamic levitation behavior of a radial-type SMB under axial load condition[J]. Physica C: Superconductivity and its Applications,2020,(575):1353671.

[93] LIWANG AI, GUOMIN ZHANG, WANJIE LI. Investigation on the multi-DoF 3-D model and levitation behavior of radial-type superconducting magnetic bearing[J]. IET Electric Power Applications, 2019,13(11):1849-1856.

[94] DHN DIAS, G G SOTELO, F SASS. Dynamical tests in a linear superconducting magnetic bearing [J]. Physics Procedia, 2012, 36: 1049-1054.

[95] SUN R ,ZHENG J ,LI J. Dynamic Characteristics of the Manned Hybrid Maglev Vehicle Employing Permanent Magnetic Levitation (PML) and Superconducting Magnetic Levitation (SML)[J]. IEEE Transactions on Applied Superconductivity,2019,29(3):3600705.

[96] YE C , YANG W , GONG T. Dynamic Characteristics of a Linear Superconducting Magnetic Bearing Under Pulsed and Harmonic Excitations[J]. IEEE Transactions on Applied Superconductivity,2020,30(3):1-12.

[97] ELKINA RODRIGUEZ, FELIPEA COSTA, RICHARDA STEPHAN. Vibration analysis of a superconducting magnetic bearing under different temperatures[J]. International Journal of Applied Electromagnetics and Mechanics,2020,(60):131-191.

［98］ YE HONG，JUN ZHENG，HENGPEI LIAO. Modeling of High-Tc Superconducting Bulk using Different Jc-T Relationships over Dynamic Permanent Magnet Guideway［J］. Materials，2019，12：2915.

［99］ Jimin Xu，Fei Zhang，Tao Sun. Effect of reciprocating motions around working points on levitation force of superconductor-magnet system［J］. Cryogenics，2016，78：96-102.

［100］ YUUKI ARAI，TOMOHISA YAMASHITA，HITOSHI HASEGAWA. Eddy Current Analysis and Optimization for Superconducting Magnetic Bearing of Flywheel Energy Storage System［J］. Physics Procedia，2015，65：291-294.

［101］ DMITRY ABIN，MAXIM OSIPOV，SERGEI POKROVSKII. Relaxation of Levitation Force of a Stack of HTS Tapes［J］. IEEE Transactions on Applied Superconductivity，2016，26（3）：8800504.

［102］ E S MOTTA，D H N DIAS，G G SOTELO. Dynamic Tests of an Optimized Linear Superconducting Levitation System ［J］. IEEE Transactions on Applied Superconductivity，2013，23（3）：3600504.

［103］ BO WANG，JUN ZHENG，SHUAISHUAI SI. Dynamic response characteristics of the high-temperature superconducting maglev system under lateral eccentric distance［J］. Cryogenics，2016，77：1-7.

［104］ LIU K，MA G，YE C. Experimental Studies on the Dynamic Responses of Coated Superconductor Stack Levitated Above a Permanent Magnet Guideway［J］. IEEE Transactions on Applied Superconductivity，2018，28（3）：3600305.

［105］ SHUNSHUN MA，ZIGANG DENG，HAITAO LI. Levitation Height Drifts of HTS Bulks under a Long-Term External Disturbance［J］. Journal of Superconductivity and Novel Magnetism，2019，32（3）：3803-3810.

［106］ 杨文姣，马光同，LOIC QUEVAL. 基于三维多物理场强耦合模型的超导磁悬浮振动特性［J］. 科学通报，2019，64（31）：3255-3266.

［107］ G G SOTELO，RAH DE OLIVEIRA，F S COSTA. A Full Scale Superconducting Magnetic Levitation （MagLev） Vehicle Operational Line［J］. IEEE Transactions on Applied Superconductivity，2015，25（3）：1-5.

［108］ P ANDERSON. Theory of flux creep in hard superconductors［J］.

Physical Review Letters,1962,9(7):309-311.

[109] J SRPčIĉ, F. PEREZ, K Y HUANG. Penetration depth of shielding currents due to crossed magnetic fields in bulk (RE)-Ba-Cu-O superconductors[J]. Superconductor Science and Technology,2019,32 (3):35010.

[110] BOTIAN ZHENG,JUN ZHENG,DABO HE. Magnetic characteristics of permanent magnet guideways at low temperature and its effect on the levitation force of bulk YBaCuO superconductors[J]. Journal of Alloys and Compounds,2016,656:77-81.

[111] F N WERFEL,U FLOEGEL-DELOR,R ROTHFELD. Superconductor bearings, flywheels and transportation[J]. Superconductor Science and Technology,2011,25(1):14007.

[112] C NAVAU, A SANCHEZ, E PARDO. Equilibrium positions due to different cooling processes in superconducting levitation systems[J]. Superconductor Science & Technology,2004,17(7):828.

[113] JIPENG LI,HAITAO LI,JUN ZHENG. Nonlinear vibration behaviors of high-Tc superconducting bulks in an applied permanent magnetic array field[J]. Journal of Applied Physics,2017,121(24):R1-R338.

[114] NAN QIAN, JUN ZHENG, WUYANG LEI. Dynamic Vibration Characteristics of HTS Levitation Systems Operating on a Permanent Magnet Guideway Test Line [J]. IEEE Transactions on Applied Superconductivity,2017,27(4):3601405.

[115] LIWANG AI,GUOMIN ZHANG,WANJIE LI. Optimization of radial-type superconducting magnetic bearing using the Taguchi method[J]. Physica C:Superconductivity and its Applications,2018,550:57-64.

[116] MOJTABA NASEH, HOSSEIN HEYDARI. Thermo-electromagnetic analysis of radial HTS magnetic bearings using a semi-analytical method [J]. IET Electric Power Applications,2017,11(9):1538-1547.

[117] M SPARING,A BERGER,F WALL. Dynamics of Rotating Superconducting Magnetic Bearings in Ring Spinning[J]. IEEE Transactions on Applied Superconductivity,2016,26(3):3600804.

[118] HIROMU SASAKI, YU YUBISUI, TOSHIHIKO SUGIURA. Resonant amplitude reduction of a rotor supported by a superconducting magnetic bearing with an axial electromagnet [J]. IEEE Transactions on Applied

Superconductivity,2015,25(3):5202205.

[119] H SASAKI,S KAMADA,T SUGIURA. Subharmonic Resonance Due to Gap between Geometric and Magnetic Centers of Rotor Supported by Superconducting Magnetic Bearing[J]. IEEE Transactions on Applied Superconductivity,2016,26(3):5206505.

[120] JIQIANG TANG,KUO WANG,BIAO XIANG. Stable Control of High-speed Rotor Suspended by Superconducting Magnetic Bearings and Active Magnetic Bearings [J]. IEEE Transactions on Industrial Electronics,2017,64(4):3319-3328.

[121] CHEN GUANG HUANG,CUN XUE,HUA DONG YONG. Modeling dynamic behavior of superconducting maglev systems under external disturbances[J]. Journal of Applied Physics,2017,122(8):83904.

[122] SELIM SIVRIOGLU, SINAN BASARAN, ALI SUAT YILDIZ. Multisurface HTS-PM Levitation for a Flywheel System[J]. IEEE Transactions on Applied Superconductivity,2016,26(8):3603206.

[123] XIAORONG WANG, ZHONGYOU REN, HONGHAI SONG. Guidance force in an infinitely long superconductor and permanent magnetic guideway system[J]. Superconductor Science & Technology, 2004,18(2):99-104.

[124] KAMEL BOUGHRARA, RACHID IBTIOUEN. Magnetic Field Distribution and Levitation Force Calculation in HTSc-Pmg Maglev Vehicles[J]. Progress In Electromagnetics Research B,2013,55:63-86.

[125] E H BRANDT. Superconductors of finite thickness in a perpendicular magnetic field: Strips and slabs. [J]. Physical Review B Condensed Matter,1996,54(6):4246-4264.

[126] N DEL-VALLE,ALVARO SANCHEZ,CARLES NAVAU. Towards an Optimized Magnet-Superconductor Configuration in Actual Maglev Devices[J]. IEEE Transactions on Applied Superconductivity,2011,21 (3):1469-1472.

[127] FRANK N. WERFEL,UTA FLOEGEL-DELOR,THOMAS RIEDEL. Large-scale HTS bulks for magnetic application [J]. Physica C Superconductivity,2013,484(1):6-11.

[128] F N WERFEL,U FLOEGEL-DELOR,R ROTHFELD. Modelling and construction of a compact 500 kg HTS magnetic bearing [J].

Superconductor Science and Technology,2004,18(2):19-23.

[129] J JIANG,Y M GONG,G WANG. Levitation forces of a bulk YBCO superconductor in gradient varying magnetic fields[J]. International Journal of Modern Physics B,2015,29(25):1542047.

[130] 马光同,高温超导磁悬浮三维理论模型及其数值计算研究[D],成都:西南交通大学,2009.

[131] 苟晓凡,高温超导悬浮体的静、动力特性分析[D].兰州:兰州大学,2004.

[132] KUN LIU,WENJIAO YANG,GUANGTONG MA. Experiment and simulation of superconducting magnetic levitation with REBCO coated conductor stacks[J]. Superconductor Science & Technology,2017,31(1):1-13.

[133] KURBATOVA E. Comparative Analysis of the Specific Characteristics of the Magnetic Bearings With HTS Elements Transactions on Applied Superconductivity[J]. IEEE Transactions on Applied Superconductivity,2018,28(4):1-4.

[134] E S MOTTA,D H N DIAS,G G SOTELO. Optimization of a Linear Superconducting Levitation System[J]. IEEE Transactions on Applied Superconductivity,2011,21(5):3548-3554.

[135] YONG YANG,XIAOJING ZHENG. Effect of parameters of a high-temperature superconductor levitation system on the lateral force[J]. Superconductor Science & Technology,2008,21(1):1-6.

[136] HUAN HUANG,JUN ZHENG,HENGPEI LIAO. Effect Laws of Different Factors on Levitation Characteristics of High-Tc Superconducting Maglev System with Numerical Solutions[J]. Journal of Superconductivity and Novel Magnetism,2019,32(8):2351-2358.

[137] JIANGHUA ZHANG,YOUWEN ZENG,JUN CHENG. Optimization of Permanent Magnet Guideway for HTS Maglev Vehicle With Numerical Methods[J]. IEEE Transactions on Applied Superconductivity,2008,18(3):1681-1686.

[138] XIAO JUN REN,MING FENG,TIANMING REN. Design and Optimization of a Radial High-Temperature Superconducting Magnetic Bearing[J]. IEEE Transactions on Applied Superconductivity,2018,29(2):5200305.

[139] H J SUNG,R A BADCOCK,B S GO. Design of a 12-MW HTS Wind

Power Generator Including a Flux Pump Exciter[J]. IEEE Transactions on Applied Superconductivity,2016,26(3):1-5.

[140] HAE JIN SUNG,GYEONG HUN KIM,KWANGMIN KIM. Design and comparative analysis of 10 MW class superconducting wind power generators according to different types of superconducting wires[J]. Physica C Superconductivity,2013,494(11):255-261.

[141] FEDERICO CARICCHI, FABIO CRESCIMBINI, ONORATO HONORATI. Low-cost compact permanent magnet machine for adjustable-speed pump application[J]. IEEE Transactions on Industry Applications,1998,34(1):109-116.

[142] RICHARD K. WAMPLER,DAVID M. Lancisi. Rotary blood pump: US7802966B2[P],2010-09-28.

[143] PAUL E ALLARIE, GILL B. Bearnson, Ron Flack. Implantable centrifugal blood pump with hybrid magnetic bearings: US7462019B1 [P],2008-12-09.

[144] DONALD P SLOTEMAN. Two-stage, permanent-magnet, integral disk-motor pump: US6422838B1[P],2002-07-23.

[145] 艾程柳,液化天然气泵用低温电机关键技术研究[D],北京:中国科学院大学,2015.

[146] 艾程柳,黄元峰,王海峰. 潜液式液化天然气泵用变频低温异步电机的关键参数设计[J]. 中国电机工程学报,2015,35(20):5317-5326.

[147] 唐孝镐,傅丰礼.异步电动机设计手册[M].第 2 版.北京:机械工业出版社,2007.

[148] B J KIM,KW LEE,GS PARK. Design of a Very Low Temperature Induction Motor for Liquid Nitrogen Gas Pump[J]. 2013 International Conference on Electrical Machines and Systems,2013:2086-2088.

[149] L DLUGIEWICZ, J KOLOWROTKIEWICZ, W SZELAG. Permanent magnet synchronous motor to drive propellant pump [C], 2012 International Symposium on Power Electronics, Electrical Drives, Automation and Motion (SPEEDAM), Sorrento, Italy IEEE, 822-826,2012.

[150] LIPING ZHENG, SUPER HIGH-SPEED MINIATURIZED PERMANENT MAGNET SYNCHRONOUS MOTOR[D]. Orlando:University of Central Florida Orlando,2005.

[151] S NAGAYA, N KASHIMA, H KAWASHIMA. Development of the axial gap type motor/generator for the flywheel with superconducting magnetic bearings[J]. Physica C Superconductivity, 2003, 392-396(Part 1):764-768.

[152] TRONG DUY NGUYEN, KING JET TSENG, SHAO ZHANG. A Novel Axial Flux Permanent-Magnet Machine for Flywheel Energy Storage System：Design and Analysis [J]. IEEE Transactions on Industrial Electronics, 2011, 58(9):3784-3794.

[153] 关醒凡. 现代泵技术手册[M]. 北京：宇航出版社, 1995.

[154] MIGUEL ASUAJE, FARID BAKIR, SMA NE KOUIDRI. Numerical Modelization of the Flow in Centrifugal Pump：Volute Influence in Velocity and Pressure Fields [J]. International Journal of Rotating Machinery, 2005, 3(3):453-460.

[155] KUN XI QIAN. Applications of novel permanent maglev bearings in turbine machines and heart pumps[J]. Journal of Jiangsu University (Natural Science Eidt), 2011, 32(6):663-667.

[156] 袁海峰, 叶轮叶片振动模态分析与实验研究[D], 武汉：武汉理工大学, 2010.

[157] 韩伟, 异步电机的振动模态分析[D], 天津：天津大学, 2011.

[158] H WALTER, S ARSAC, J BOCK. Liquid hydrogen tank with cylindrical superconducting bearing for automotive application [J]. IEEE Transactions on Applied Superconductivity, 2003, 13(2):2150-2153.

[159] 邱傅杰, 徐克西, 盛培龙. 小型飞轮储能系统高温超导磁悬浮轴承[J]. 电工技术学报, 2014, 29(01):181-186.